Pallavi Singh
Virginia Paul

O papel dos alimentos simbióticos na saúde da mulher

Pallavi Singh
Virginia Paul

O papel dos alimentos simbióticos na saúde da mulher

ScienciaScripts

Imprint
Any brand names and product names mentioned in this book are subject to trademark, brand or patent protection and are trademarks or registered trademarks of their respective holders. The use of brand names, product names, common names, trade names, product descriptions etc. even without a particular marking in this work is in no way to be construed to mean that such names may be regarded as unrestricted in respect of trademark and brand protection legislation and could thus be used by anyone.

Cover image: www.ingimage.com

This book is a translation from the original published under ISBN 978-3-330-65221-7.

Publisher:
Sciencia Scripts
is a trademark of
Dodo Books Indian Ocean Ltd. and OmniScriptum S.R.L publishing group

120 High Road, East Finchley, London, N2 9ED, United Kingdom
Str. Armeneasca 28/1, office 1, Chisinau MD-2012, Republic of Moldova, Europe
Printed at: see last page
ISBN: 978-620-8-36138-9

PAPEL DA ALIMENTAÇAO SIMBIÓTICA NA SAÚDE DA MULHER

Por

Pallavi Singh

Virginia Paul

RESUMO

Título- *"O papel dos alimentos simbióticos na saúde da mulher"*

Entre os numerosos efeitos positivos dos microrganismos probióticos e dos hidratos de carbono prebióticos observados em estudos clínicos, a maioria dos quais, no entanto, não preenche os critérios de verificação farmacêutica, alguns são de relevância específica para a saúde feminina. Para além de algumas notas relativas às potenciais interações entre a microbiota e as hormonas, a primeira linha de aplicações preventivas e/ou terapêuticas das bactérias probióticas visa manter uma flora intestinal e urogenital equilibrada, bem como no caso da síndrome do intestino irritável, da obstipação (trânsito lento idiopático) e das infecções do trato urogenital. Outros aspectos são a promoção da saúde óssea e a prevenção da osteoporose provocada pela inulina, oligofrutose e galactooligossacáridos. Outras doenças, nomeadamente a anorexia nervosa, a síndrome pré-menstrual, bem como a prevenção ou o alívio de perturbações do climatério e da menopausa, para as quais a utilização de probióticos é bastante hipotética ou é largamente estudada por médicos praticantes de medicina alternativa. Assim, o alimento simbiótico afecta positivamente todas as fases da vida da mulher e promove a boa saúde.

Pallavi Singh

Agradecimentos

G.K.Rai, Diretor do Centro de Tecnologia Alimentar da Universidade de Allahabad, por me ter permitido realizar o meu seminário sobre o tema ***"Papel dos alimentos simbióticos na saúde das mulheres".***

Quero também expressar os meus sinceros agradecimentos e profundo sentido de gratidão à ***Dra. Neelam Yadav, HOD, center of Food Technology, University Of Allahabad*** e à ***Dra. Neetu Mishra*** pela sua atitude de resolução de problemas, encorajamento, cooperação e apoio moral.

Sinto-me igualmente grato aos nossos respeitados professores, ***Sra. Ena Gupta e Dr. S.K.Chuhan***, pela sua valiosa orientação e apoio durante toda a preparação do relatório do Seminário.

As palavras serão demasiado escassas para registar o egoísmo, o sacrifício, a inspiração, o encorajamento e as bênçãos dos ***meus pais*** e o afeto da minha família que me apoiou para chegar ao fim do projeto.

Sinto-me igualmente grato à ***Sra. Shikha,*** ao ***Sr. Santosh***, ***responsável pela biblioteca, CFT, AU*** e ao ***Sr. Anuj Tripathi, responsável pelo laboratório de informática, CFT, AU,*** pelo seu valioso apoio na preparação do meu relatório do seminário.

Por fim, devo tudo ao **ALTÍSSIMO** para que derrame a SUA bênção de modo a que o meu esforço possa chegar ao fim do projeto com sucesso.

OBRIGADO

Pallavi Singh

Conteúdo

CAPITULO- 1

INTRODUÇÃO

O termo probiótico foi utilizado pela primeira vez na década de 1950 para explicar como certos suplementos feitos de substâncias orgânicas e inorgânicas eram necessários para restaurar a saúde das pessoas que sofriam de má nutrição devido à ingestão de demasiados alimentos refinados. Depois, nos anos 70, o termo probiótico foi utilizado para descrever a forma como as bactérias boas podem melhorar a saúde dos nossos intestinos, também designados por "tripa".

"Pro" vem do grego que significa "promover" e "biótico" que significa "vida". Atualmente, a Organização Mundial de Saúde diz que os probióticos são microrganismos vivos que, quando tomados em quantidades adequadas, conferem um benefício para a saúde do utilizador. Muitas vezes, alguns artigos e livros referem-se aos probióticos como as bactérias amigáveis que já vivem naturalmente no nosso intestino, mas, para ser exato, são os suplementos artificiais que são tomados sob a forma de comprimidos, pós ou alimentos provenientes do exterior do corpo.

Os probióticos são microrganismos vivos (na maioria dos casos, bactérias) que são semelhantes aos microrganismos benéficos que se encontram no intestino humano. São também designados por "bactérias amigas" ou "bactérias boas". Os probióticos estão disponíveis para os consumidores principalmente sob a forma de suplementos dietéticos e alimentos. Podem ser utilizados como medicina complementar e alternativa (CAM). As pessoas usam produtos probióticos como CAM para prevenir e tratar certas doenças e apoiar o bem-estar geral. Uma definição amplamente utilizada de probióticos, desenvolvida pela Organização Mundial de Saúde e pela Organização das Nações Unidas para a Alimentação e a Agricultura

"***Microrganismos vivos que, quando administrados em quantidades adequadas, conferem um benefício para a saúde do hospedeiro.***" (Os microrganismos são pequenos organismos vivos, como bactérias, vírus e leveduras, que só podem ser vistos ao microscópio).

Os probióticos estão disponíveis em alimentos e suplementos dietéticos (por exemplo, cápsulas, comprimidos e pós) e também noutras formas. Exemplos de alimentos que contêm probióticos são o iogurte, o leite fermentado e não fermentado e alguns sumos e bebidas de soja. Nos alimentos e suplementos probióticos, as bactérias podem estar presentes originalmente ou terem sido adicionadas durante a preparação. A maioria dos probióticos são bactérias semelhantes às que se encontram naturalmente no intestino das pessoas, especialmente no intestino dos bebés amamentados, que têm uma proteção natural contra muitas doenças. Na maioria das vezes, as bactérias provêm de dois grupos, *Lactobacillus ou Bifidobacterium.* Dentro de cada grupo, existem diferentes espécies, por exemplo, *Lactobacillus acidophilus* e *Bifidobacterium bifidus,* e dentro de cada espécie, diferentes estirpes ou variedades.

Atualmente, os probióticos são quase exclusivamente consumidos sob a forma de produtos lácteos fermentados, como o iogurte ou culturas liofilizadas, mas no futuro poderão também ser encontrados em legumes e carnes fermentados. Após a passagem pelo estômago e pelo intestino delgado, alguns probióticos sobrevivem e estabelecem-se transitoriamente no intestino grosso. De facto, a capacidade de fermentação do cólon pode ser modificada após a ingestão de probióticos, e a ingestão oral de certas bactérias lácticas aumentará o número de *lactobacilos* ou *bifidobactérias* nas fezes humanas. Vários efeitos relacionados com a saúde associados à ingestão de probióticos foram relatados em estudos de nutrição humana por diferentes grupos de investigação.

Os prebióticos são ingredientes alimentares não digeríveis que estimulam o crescimento e/ou a atividade das bactérias no sistema digestivo de forma alegadamente benéfica para a saúde. Foram identificados e designados pela primeira vez por Marcel Roberfroid em 1995. Enquanto componente alimentar funcional, os prebióticos, tal como os probióticos, são concetualmente intermédios entre os alimentos e os medicamentos. Dependendo da jurisdição, recebem normalmente um nível intermédio de controlo regulamentar, em particular no que diz respeito às alegações de saúde que lhes são feitas.

Normalmente, os prebióticos são hidratos de carbono (como os oligossacáridos), mas a definição pode incluir não hidratos de carbono. As formas mais prevalentes de prebióticos são classificadas nutricionalmente como fibra solúvel. Até certo ponto, muitas formas de fibra alimentar apresentam algum nível de efeito prebiótico.

Roberfroid apresentou uma definição mais precisa no Journal of Nutrition de 2007, afirmando

"Um prebiótico é um ingrediente fermentado seletivamente que permite alterações específicas, tanto na composição como na atividade da microflora gastrointestinal, que conferem benefícios ao bem-estar e à saúde do hospedeiro. "

Além disso, na sua revisão de 2007 de Prebióticos, Roberfroid afirmou que apenas dois fructooligossacáridos específicos satisfazem plenamente esta definição: a oligofrutose e a inulina. Atualmente, os investigadores centram-se também na distinção entre prebióticos de cadeia curta, de cadeia longa e de espetro total.

CAPÍTULO-2

REVISÃO DA LITERATURA

CAPÍTULO-2.1
INTRODUÇÃO DOS PROBIÓTICOS

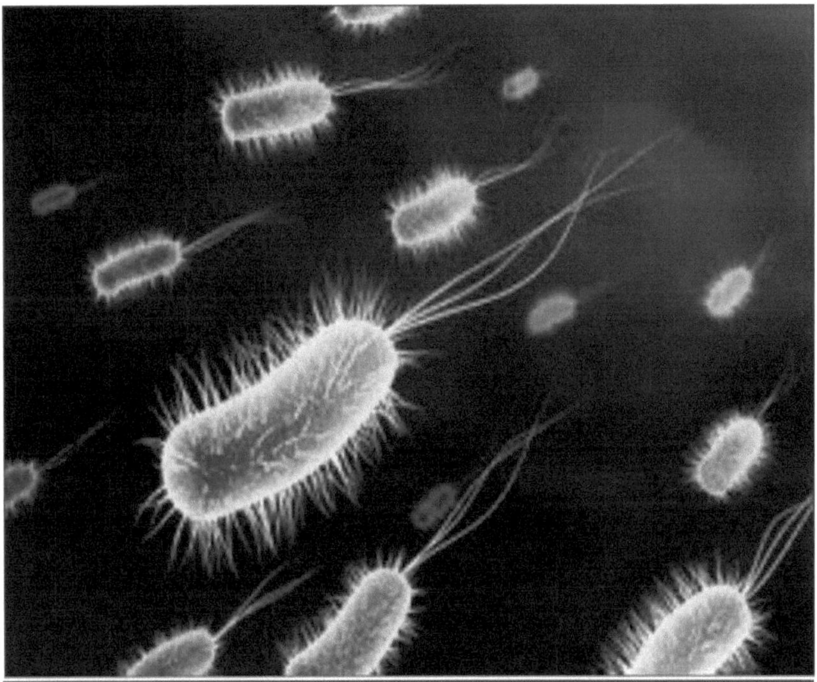

Os probióticos são microrganismos vivos que se pensa serem benéficos para o organismo hospedeiro. De acordo com a definição atualmente adoptada pela FAO/OMS, os probióticos são ***"Microrganismos vivos que, quando administrados em quantidades adequadas, conferem ao hospedeiro um benefício para a saúde"*** (Relatório de uma consulta conjunta de peritos da FAO/OMS).

As bactérias do ácido lático (BAL) e as bifidobactérias são os tipos mais comuns de micróbios utilizados como probióticos, mas certas leveduras e bacilos também podem ser úteis. Os probióticos são normalmente consumidos como parte de alimentos fermentados com culturas vivas activas especialmente adicionadas, como no iogurte, iogurte de soja ou como suplementos dietéticos.

Etimologicamente, o termo parece ser um composto da preposição latina pro ("para") e do adjetivo grego (biótico), este último derivado do substantivo (bios, "vida") (Hamilton-Miller *et al.* 2003)

No início do século XX, pensava-se que os probióticos afectavam o hospedeiro de forma benéfica, melhorando o seu equilíbrio microbiano intestinal, inibindo assim os agentes patogénicos e as bactérias produtoras de toxinas (Metchnikoff E., 1907). Atualmente, estão a ser investigados e documentados efeitos específicos na saúde, incluindo o alívio de doenças inflamatórias intestinais crónicas (Mach T, 2006), a prevenção e o tratamento de diarreia induzida por agentes patogénicos (Yan F *et al.,* 2006), infecções urogenitais (Reid G, 2008) e doenças atópicas (Vander hoof JA, 2008).

2.1.1-História

A observação original do papel positivo desempenhado por certas bactérias foi introduzida pela primeira vez pelo cientista russo e prémio Nobel Élie Metchnikoff, que no início do século XX sugeriu que seria possível modificar a flora intestinal e substituir micróbios nocivos por micróbios úteis. Metchnikoff, na altura professor no Instituto Pasteur de Paris, propôs a hipótese de que o processo de envelhecimento resulta da atividade de micróbios putrefativos (proteolíticos) que produzem substâncias tóxicas no intestino grosso. As bactérias proteolíticas, como os clostrídios, que fazem parte da flora intestinal normal, produzem substâncias tóxicas, nomeadamente fenóis, indóis e amoníaco, a partir da digestão das proteínas. Segundo Metchnikoff, estes compostos são responsáveis por aquilo a que chamou "autointoxicação intestinal", que provoca as alterações físicas associadas à velhice.

Na altura, sabia-se que o leite fermentado com bactérias lácticas inibia o crescimento de bactérias proteolíticas devido ao baixo pH produzido pela fermentação da lactose. Metchnikoff tinha também observado que certas populações rurais na Europa, por exemplo na Bulgária e nas estepes russas, que viviam maioritariamente de leite fermentado por bactérias lácticas, eram excecionalmente longevas. Com base nestes factos, Metchnikoff propôs que o consumo de leite fermentado "semearia" o intestino com bactérias lácticas inofensivas e diminuiria o pH intestinal, o que suprimiria o crescimento de bactérias proteolíticas. O próprio Metchnikoff introduziu na sua dieta leite azedo fermentado com a bactéria a que chamou "Bacillus búlgaro" e viu a sua saúde beneficiar. Os seus amigos em Paris seguiram rapidamente o seu exemplo e os médicos começaram a prescrever a dieta de leite azedo aos seus doentes (Vaughan RB, 1965)

As bifidobactérias foram isoladas pela primeira vez de um bebé amamentado por Henry Tissier, que também trabalhava no Instituto Pasteur. A bactéria isolada, denominada Bacillus bifidus communis (Tissier H. 1900), foi mais tarde renomeada para o género *Bifidobacterium*. Tissier descobriu que as bifidobactérias são dominantes na flora intestinal dos bebés amamentados e observou benefícios clínicos no tratamento da diarreia em bebés com bifidobactérias. O efeito alegado foi a deslocação das bifidobactérias das bactérias proteolíticas causadoras da doença.

Durante um surto de shigelose em 1917, o professor alemão Alfred Nissle isolou uma estirpe de *Escherichia coli* das fezes de um soldado que não foi afetado pela doença. Na altura, eram necessários métodos de tratamento de doenças infecciosas, quando ainda não existiam antibióticos, e Nissle utilizou a estirpe *Escherichia coli* Nissle 1917 na salmonelose infecciosa gastrointestinal aguda e na shigelose.

Em 1920, Rettger demonstrou que o "Bacilo Búlgaro" de Metchnikoff, mais tarde designado por *Lactobacillus delbrueckii subsp. bulgaricus*, não podia viver no intestino humano (Cheplin HA *et al.* 1920) e o fenómeno dos alimentos fermentados desapareceu. A teoria de Metchnikoffs era discutível (nesta fase) e as pessoas duvidavam da sua teoria da longevidade.

Após a morte de Metchnikoffs em 1916, o centro de atividade mudou-se para os Estados Unidos. Foi considerado que as bactérias provenientes do intestino tinham mais probabilidades de produzir o efeito desejado no intestino e, em 1935, verificou-se que certas estirpes de *Lactobacillus acidophilus* eram muito activas quando implantadas no tubo digestivo humano (Rettger *et al.* 1935). Foram efectuados ensaios com este organismo, tendo sido obtidos resultados encorajadores, nomeadamente no alívio da obstipação crónica.

O termo "probióticos" foi introduzido pela primeira vez em 1953 por Werner Kollath (Hamilton-Miller et al. 2003). Contrariamente aos antibióticos, os probióticos foram definidos como factores de origem microbiana que estimulam o crescimento de outros microrganismos. Em 1989, Roy Fuller sugeriu uma definição de probióticos que tem sido amplamente utilizada: *"Um suplemento alimentar microbiano vivo que afecta de forma benéfica o animal hospedeiro, melhorando o seu equilíbrio microbiano intestinal*" (Fuller R, 1989). A definição de Fuller enfatiza o requisito de viabilidade dos probióticos e introduz o aspeto de um efeito benéfico no hospedeiro.

Nas décadas seguintes, espécies de bactérias lácticas intestinais com alegadas propriedades benéficas para a saúde foram introduzidas como probióticos, incluindo *Lactobacillus rhamnosus*, *Lactobacillus casei* e *Lactobacillus johnsonii* (Tannock GW, 2003)

2.1.2 Benefícios dos probióticos para a saúde

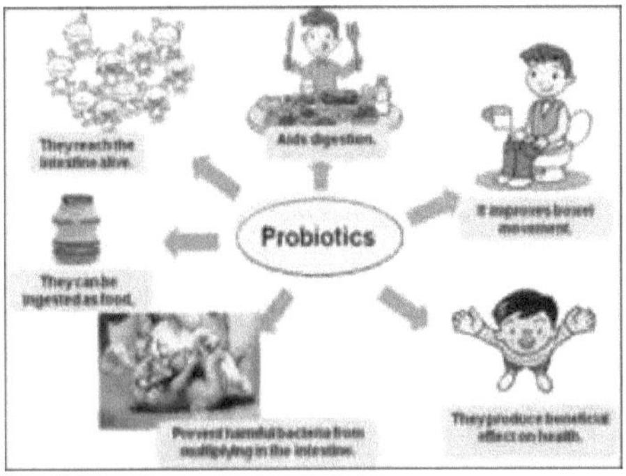

As experiências sobre os potenciais efeitos na saúde dos probióticos suplementares incluem a biologia molecular e a genómica dos *Lactobacillus* na função imunitária, no cancro e na diarreia associada a antibióticos, diarreia dos viajantes, diarreia pediátrica, doença inflamatória intestinal e síndrome do intestino irritável. O ensaio de um probiótico aplica-se normalmente a uma estirpe específica em estudo.

2.1.2.1 Diarreia

Alguns probióticos demonstraram, em investigações preliminares, que podem tratar várias formas de gastroenterite (King CK *et.al.* 2003). Podem reduzir tanto a duração da doença como a frequência das fezes (Allen SJ *et.al.* 2010). Os produtos lácteos fermentados (como o iogurte) também reduzem a duração dos sintomas.

2.1.2.2 Diarreia associada a antibióticos

A diarreia associada a antibióticos (DAA) resulta de um desequilíbrio no microbiota do cólon causado pela terapia antibiótica. A alteração do microbiota altera o metabolismo dos hidratos de carbono, com uma diminuição da absorção dos ácidos gordos de cadeia curta e, consequentemente, uma diarreia osmótica. Outra consequência da terapêutica antibiótica que conduz à diarreia é o crescimento excessivo de organismos potencialmente patogénicos, como o *Clostridium difficile.*

O tratamento com probióticos pode reduzir a incidência e a gravidade da DAA, conforme indicado em várias meta-análises (D'Souza AL *et.al.*2002), (Cremonini F *et.al.*2002), (Mcfarland LV. 2006). Por exemplo, o tratamento com formulações probióticas incluindo Lactobacillus rhamnosus pode reduzir o risco de diarreia associada a antibióticos, melhorar a consistência das fezes durante a terapia com antibióticos e melhorar a resposta imunitária após a vacinação. No entanto, é necessária mais documentação destes resultados através de ensaios aleatórios, duplamente cegos e controlados por placebo para confirmar efeitos específicos e obter aprovação regulamentar, que atualmente não existe.

A eficácia potencial da prevenção da DAA com probióticos depende da(s) estirpe(s) probiótica(s) utilizada(s) e da dosagem (Doron SI *et.al* 2008), Surawicz CM.2008). Em estudos preliminares, verificou-se uma redução de até 50% da ocorrência de DAA (Sazawal S. *et.al.* 2006). Não foram registados efeitos secundários em nenhum destes estudos. No entanto, deve ter-se cuidado ao administrar suplementos probióticos a indivíduos imunocomprometidos ou a doentes com uma barreira intestinal comprometida.

2.1.2.3 Intolerância à lactose

Como as bactérias do ácido lático convertem ativamente a lactose em ácido lático, a ingestão de certas estirpes activas pode ajudar os indivíduos intolerantes à lactose a tolerar mais lactose do que tolerariam de outra forma (Sanders ME, 2000)

2.1.2.4 Cancro do cólon

Em investigações laboratoriais, algumas estirpes de BAL (*Lactobacillus delbrueckii subsp. bulgaricus*) demonstraram efeitos antimutagénicos que se pensa serem devidos à sua capacidade de se ligarem a aminas heterocíclicas, que são substâncias cancerígenas formadas na carne cozinhada (Wollowski I *et.al.* 2001) Estudos em animais demonstraram que algumas BAL têm provas de atuar contra o cancro do cólon em roedores, embora os dados em humanos sejam inconclusivos (Brady LJ *et.al.* 2000). Alguns ensaios em humanos colocam a hipótese de as estirpes testadas poderem exercer efeitos anticancerígenos através da diminuição da atividade de uma enzima chamada β-glucuronidase (que pode gerar substâncias cancerígenas no sistema digestivo). Num estudo populacional, foram observadas taxas mais baixas de cancro do cólon entre os consumidores mais elevados de produtos lácteos fermentados, mas não existe confirmação de tal efeito.

2.1.2.5 Colesterol

Estudos em animais demonstraram a eficácia de algumas estirpes de BAL na redução dos níveis séricos de colesterol, presumivelmente através da decomposição da bílis no intestino, inibindo assim a sua reabsorção (que entra no sangue como colesterol) (Sanders ME, 2000)

Uma meta-análise que incluiu cinco ensaios duplamente cegos que examinaram os efeitos a curto prazo (2-8 semanas) de um iogurte com estirpes probióticas nos níveis séricos de colesterol encontrou uma pequena alteração de 8,5 mg/dL (0,22 mmol/L) (~4% de diminuição) na concentração total de colesterol e uma diminuição de 7,7 mg/dL (0,2 mmol/L) (~5% de diminuição) na concentração sérica de LDL (Agerholm-Larsen *et.al.*2002)

Um estudo ligeiramente mais longo, que avaliou o efeito do iogurte com estirpes probióticas em vinte e nove indivíduos durante seis meses, não encontrou diferenças estatisticamente significativas nos valores séricos totais de colesterol ou de LDL. No entanto, o estudo registou um aumento significativo do HDL sérico de 50 mg/dL (1,28 mmol/L) para 62 mg/dL (1,6 mmol/L) após o tratamento. Isto corresponde a uma possível melhoria do rácio LDL/HDL (Kiessling, G *et.al.* 2002)

2.1.2.6 Tensão arterial

Embora não seja um efeito confirmado, alguns estudos indicaram que o consumo de leite fermentado com várias estirpes de BAL pode resultar em reduções modestas da pressão arterial, um efeito possivelmente relacionado com os péptidos semelhantes aos inibidores da ECA produzidos durante a fermentação (Sanders ME,2000)

2.1.2.7 Função imunitária e infecções

Algumas estirpes de BAL podem afetar os agentes patogénicos através da inibição competitiva (ou seja, competindo pelo crescimento) e existem provas que sugerem que podem melhorar a função imunitária aumentando o número de células plasmáticas produtoras de IgA, aumentando ou melhorando a fagocitose, bem como aumentando a proporção de linfócitos T, Existem provas que sugerem que podem melhorar a função imunitária, aumentando o número de células plasmáticas produtoras de IgA, aumentando ou melhorando a fagocitose, bem como aumentando a proporção de linfócitos T e de células Natural Killer (Ouwehand AC *et.al.* 2002). Ensaios clínicos demonstraram que os probióticos podem diminuir a incidência de infecções do trato respiratório (Hatakka K *et.al.* 2001) e de cáries dentárias em crianças (Nase L *et.al.* 2001). Os produtos à base de BAL podem ajudar no tratamento da diarreia aguda e, possivelmente afetar as infeções por rotavírus nas crianças e a diarreia dos viajantes nos adultos, mas não existem produtos aprovados para essas indicações.

2.1.2.8 Helicobacter pylori

Algumas estirpes de LAB podem afetar as infecções por *Helicobacter pylori* (que podem causar úlceras pépticas) em adultos quando utilizadas em combinação com tratamentos médicos padrão, mas não existe um padrão na prática médica ou aprovação regulamentar para esse tratamento (Hamilton-Miller JM 2003)

2.1.2.9 Inflamação

Algumas estirpes de BAL podem modular as respostas inflamatórias e de hipersensibilidade, uma observação que se pensa ser, pelo menos em parte, devida à regulação da função das citocinas. Estudos clínicos sugerem que podem prevenir recorrências de doença inflamatória intestinal em adultos, bem como melhorar as alergias ao leite (Kirjavainen PV *et.al.* 2003). Não são eficazes no tratamento do eczema, uma inflamação persistente da pele (Boyle RJ *et.al.* 2008). A forma como os probióticos podem influenciar o sistema imunitário permanece pouco clara, mas um mecanismo potencial que está a ser investigado diz respeito à resposta dos linfócitos T a estímulos pró-inflamatórios (Braat H et.al. 2004).

2.1.2.10 Crescimento bacteriano sob stress

Num estudo realizado para verificar os efeitos do stress na flora intestinal, os ratos que foram alimentados com probióticos tiveram pouca ocorrência de bactérias nocivas agarradas aos seus intestinos em comparação com os ratos que foram alimentados com água esterilizada (Hitti *et.al.* 2006).

2.1.2.11 Síndrome do cólon irritável e colite

Num estudo, uma estirpe comercial de bifidobacterium infantis melhorou alguns sintomas da síndrome do intestino irritável em mulheres (Whorwell PJ *et.al.* 2006). Um pequeno estudo separado mostrou que uma estirpe de Lactobacillus plantarum também pode ser eficaz na redução dos sintomas da SII (Niedzielin K *et.al.* 2001). Um estudo centrado na Bifidobacterium animalis mostrou uma redução do desconforto e do inchaço em indivíduos com SII predominante na obstipação, bem como ajudou a normalizar a frequência das fezes nesses indivíduos. Para manutenção da remissão da colite ulcerosa, Mutaflor (*E.coli* Nissle 1917) estudos clínicos randomizados mostraram equivalência entre Mutaflor e mesalazina (5-ASAs).

2.1.2.12 Outros

Um estudo realizado em 2004, que testou o sistema imunitário de estudantes que receberam leite ou Actimel durante um período de 6 semanas de exames (3 semanas de estudo, 3 semanas de exames), analisou 19 biomarcadores diferentes. Destes 19 biomarcadores, apenas 2 mostraram ser diferentes entre os dois grupos, o aumento da produção de linfócitos e o aumento da produção de células CD56. Os testes não foram cegos e mostram que certas estirpes probióticas podem não ter qualquer efeito global no sistema imunitário ou na sua capacidade (Marcos A. *et.al.* 2004).

Um estudo realizado em 2007 na University College Cork, na Irlanda, demonstrou que uma dieta que incluía leite fermentado com bactérias *Lactobacillus* prevenia a infeção por *Salmonella* em suínos.

Um estudo clínico realizado em 2007 no Imperial College de Londres mostrou que o consumo preventivo de uma bebida probiótica disponível no mercado contendo *Lactobacillus casei DN-114001* e bactérias de iogurte pode reduzir a incidência de diarreia associada a antibióticos e diarreia associada a *C difficile* (Hickson M *et.al.*

2007).

A eficácia e a segurança de uma dose diária de *Lactobacillus acidophilus* CL1285 para afetar a DAA foi demonstrada num estudo com doentes hospitalizados (Beausoleil M *et.al.* 2007)

Um estudo de 2011 concluiu que os ratos que receberam *Lactobacillus rhamnosus* JB-1 apresentaram níveis mais baixos de stress e ansiedade do que os controlos (Bravo *et.al.* 2011).

A investigação atual centra-se na biologia molecular e na genómica das estirpes *de Lactobacillus* e das bifidobactérias. A aplicação de abordagens modernas do genoma completo está a fornecer informações sobre a evolução das bifidobactérias, ao mesmo tempo que revela funções genéticas que explicam a sua presença no ambiente ecológico específico do trato gastrointestinal (Mayo *et.al.* 2010), (Sonomoto *et.al.* 2011).

2.1.3 Factores que afectam a viabilidade dos alimentos

Alguns factores, tanto intrínsecos como extrínsecos, podem influenciar a sobrevivência dos probióticos nos alimentos, pelo que devem ser tidos em conta em todas as fases do fabrico de alimentos probióticos.

- estado fisiológico do probiótico adicionado ao alimento
- condições físico-químicas da transformação de alimentos
- condições físicas de armazenamento do produto, como a temperatura
- composição química do produto, como o teor de nutrientes, oxigénio ou pH
- interações com outros componentes do produto, que podem ser inibitórias ou protectoras

1.1.1.1 Estado fisiológico

O estado fisiológico das bactérias quando são preparadas e quando permanecem no próprio produto são factores importantes para a sobrevivência dos probióticos. A secura de um produto alimentar mantém as bactérias num estado relativamente quiescente durante o armazenamento, enquanto que um produto húmido estabelece um metabolismo potencialmente ativo. A temperatura afecta o prazo de validade das bactérias, sendo que a baixa temperatura proporciona condições para uma possível sobrevivência a longo prazo.

As bactérias podem responder a ambientes stressantes através da indução de vários mecanismos de tolerância ao stress. Um deles é a indução de proteínas de stress através da exposição das células a stresses sub-letais, para que possam condicionar os probióticos a tolerar melhor os stresses ambientais na produção de alimentos, armazenamento e trânsito gastrointestinal. As diferentes estirpes probióticas têm as suas próprias tolerâncias intrínsecas às condições ambientais, incluindo a forma como a cultura é preparada, e pode observar-se alguma proteção cruzada, proporcionando proteção contra outras tensões através da exposição a apenas uma tensão. As respostas ao stress podem ser exploradas para tornar as estirpes probióticas mais resistentes e susceptíveis de sobreviver em matrizes alimentares, com uma importância industrial significativa.

1.1.1.2 Temperatura

A temperatura a que os organismos probióticos crescem é um fator importante nas aplicações alimentares em que é necessária a fermentação, sendo também um fator crítico que influencia a sobrevivência dos probióticos durante o fabrico e armazenamento. Como foi dito acima, quanto mais baixa for a temperatura, mais estável será a viabilidade dos probióticos no produto alimentar. Durante o processamento, as temperaturas superiores a 45-50°C serão prejudiciais para a sobrevivência dos probióticos, o que significa que quanto mais elevada for a temperatura, mais curto será o período de tempo de exposição necessário para diminuir drasticamente o número de bactérias viáveis, variando entre horas ou minutos a 15-55°C e segundos a temperaturas mais elevadas. Por conseguinte, é óbvio que os probióticos devem ser adicionados a jusante dos processos de aquecimento/cozedura/pasteurização no fabrico de alimentos para evitar as temperaturas elevadas. A temperatura elevada também tem um efeito prejudicial na estabilidade durante o processo de transporte e armazenamento do produto. Mais uma vez, quanto mais frio um produto puder ser mantido, melhor será a sobrevivência dos probióticos, como nas células probióticas vegetativas em produtos líquidos, onde o armazenamento refrigerado é normalmente essencial. Se o produto for seco, as bactérias estarão num estado quiescente, pelo que a viabilidade probiótica aceitável pode ser mantida em produtos secos armazenados à temperatura ambiente durante 12 meses ou mais. Produzir e manter baixas actividades de água nos alimentos é a chave para manter a viabilidade probiótica durante o armazenamento não refrigerado, porque existe uma interação notável entre a temperatura e a atividade da água.

1.1.1.3 pH

Algumas bactérias como os Lactobacilos e as bifidobactérias podem tolerar níveis de pH mais baixos porque produzem ácido orgânico e produtos do metabolismo dos hidratos de carbono. De facto, numerosos estudos in vitro e in vivo demonstraram que, no trânsito gástrico, onde as células são expostas a valores de pH baixos e com um tempo de exposição relativamente curto, alguns organismos probióticos podem sobreviver. Em leites fermentados e iogurtes com valores de pH entre 3,7 e 4,3, os Lactobacilos são capazes de crescer e sobreviver, enquanto as Bifidobactérias tendem a ser menos tolerantes ao ácido, com a maioria das espécies a sobreviver mal em produtos fermentados com níveis de pH inferiores a 4,6. A B. animal subsp. lactis é mais comummente utilizada em alimentos ácidos porque é mais tolerante aos ácidos do que as espécies intestinais humanas, e a B. thermoacidophilum é ainda mais tolerante ao pH baixo (e ao calor), mas ainda não foi caracterizada exaustivamente quanto a caraterísticas probióticas e não é utilizada comercialmente.

No que diz respeito aos sumos de fruta (pH 3,5-4,5), foram produzidos produtos comercialmente bem sucedidos, como o Gefilus (Valio Ltd, Finlândia), que contém Lactobacillus rhamnosus GG. A viabilidade a pH baixo pode ser melhorada com transportadores como as fibras alimentares. A sobrevivência dos lactobacilos a pH baixo também foi melhorada na presença de açúcares metabolizáveis, que permitem que as bombas de protões da membrana celular funcionem e evitam a redução do pH intracelular. Isto pode melhorar a sobrevivência durante o trânsito gástrico, mas pode não ser aplicável para melhorar a sobrevivência dos probióticos ao longo das fases de armazenamento em prateleira.

1.1.1.4 Atividade da água

Para as bactérias probióticas quiescentes, a atividade da água é um determinante crucial da sobrevivência nos produtos alimentares durante o armazenamento. Quanto maior for o nível de humidade e a atividade da água, menor será a sobrevivência dos probióticos. Existe uma interação substancial entre a atividade da água e a temperatura no que diz respeito ao seu impacto na sobrevivência dos probióticos quiescentes. À medida que a temperatura de armazenamento é aumentada, o impacto prejudicial da humidade é ampliado. Aqui, as tensões osmóticas parecem desempenhar um papel, com a presença de moléculas mais pequenas a resultar numa sobrevivência bacteriana mais fraca, embora os mecanismos exactos de morte celular ainda não tenham sido elucidados.

Pode haver limitações tecnológicas para reduzir a atividade da água a níveis baixos para melhorar a sobrevivência. Estas incluem os custos energéticos da secagem, impactos adversos no sabor dos alimentos e dificuldades em humedecer e dispersar os pós. A embalagem com barreira à humidade pode ser aplicada para evitar o desenvolvimento de humidade do ambiente durante o armazenamento. A manutenção da viabilidade dos probióticos em alimentos com atividade de água moderada (0,4-0,7) é um grande desafio e soluções como a microencapsulação ou a incorporação de probióticos nas fases gordas dos produtos podem melhorar a sobrevivência.

1.1.1.5 Oxigénio

Tanto as bifidobactérias como os lactobacilos são considerados anaeróbios estritos e o oxigénio pode ser prejudicial para o seu crescimento e sobrevivência. No entanto, o grau de sensibilidade ao oxigénio varia consideravelmente entre as diferentes espécies e estirpes, por exemplo, os lactobacilos, que são sobretudo microaerofílicos, são mais tolerantes ao oxigénio do que as bifidobactérias, ao ponto de os níveis de oxigénio não serem uma consideração importante para manter a sobrevivência dos lactobacilos. A maioria das bifidobactérias probióticas não se desenvolve bem na presença de oxigénio, embora muitas bifidobactérias tenham mecanismos enzimáticos para limitar a toxicidade do oxigénio.

Para as estirpes sensíveis ao oxigénio, podem ser utilizadas algumas estratégias para evitar a toxicidade do oxigénio nos produtos alimentares. Foi demonstrado que os ingredientes antioxidantes melhoram a sobrevivência dos probióticos, bem como a utilização de barreira ao oxigénio ou embalagens com atmosfera modificada. Por conseguinte, é aconselhável minimizar os processos que são altamente aerados, particularmente quando se utilizam bifidobactérias.

1.1.1.6 Toxicidade dos ingredientes

Podem ocorrer interações entre os probióticos e outros ingredientes e essas interações podem ser protectoras, neutras ou prejudiciais para a estabilidade dos probióticos. Obviamente, a inclusão de conservantes antimicrobianos pode inibir a sobrevivência dos probióticos e níveis elevados de ingredientes como sal, ácidos orgânicos e nitratos podem inibir os probióticos durante o armazenamento, enquanto as culturas iniciadoras podem, por vezes, inibir o crescimento dos probióticos durante a fermentação através da produção de bacteriocinas específicas.

1.1.1.7 Factores de crescimento, ingredientes protectores e sinérgicos

Os lactobacilos probióticos e, em particular, as bifidobactérias são apenas fracamente proteolíticos e crescem relativamente devagar ou mal no leite. O crescimento das bifidobactérias pode ser melhorado pela presença de culturas companheiras adequadas, que podem ajudar na hidrólise das proteínas e através da produção de factores de crescimento. Alguns substratos de crescimento, tais como fontes de carbono, fontes de azoto e factores de crescimento ou antioxidantes, minerais e vitaminas podem ser adicionados para melhorar o crescimento. Finalmente, a própria matriz alimentar pode ser protetora, como no queijo, onde o ambiente anaeróbico, o elevado teor de gordura e a capacidade de tamponamento da matriz ajudam a proteger as células probióticas tanto no produto como durante o trânsito intestinal.

1.1.1.8 Congelação-descongelação

Os danos causados às membranas celulares que congelam os probióticos são prejudiciais para a sobrevivência e também podem tornar as células mais vulneráveis às pressões ambientais. Para prevenir ou, pelo menos, mitigar a lesão celular, são normalmente adicionados protectores às culturas a serem congeladas ou secas. Uma vez congelados, os probióticos podem sobreviver bem durante longos períodos de conservação em produtos como iogurtes congelados e gelados. A utilização de métodos alternativos de congelação, tais como taxas de arrefecimento lento ou stress pré-congelação, pode melhorar significativamente a sobrevivência das células. Os ciclos repetidos de congelação-descongelação são altamente prejudiciais para a sobrevivência das células e devem ser evitados.

1.1.1.9 Forças de corte

Os lactobacilos e as bifidobactérias probióticos são bactérias Gram-positivas com paredes celulares espessas que são capazes de tolerar as forças de cisalhamento geradas na maioria dos processos de produção alimentar padrão, como a mistura a alta velocidade ou a homogeneização, que podem resultar na rutura das células e em perdas de viabilidade.

2.1.4 Efeitos secundários dos probióticos

Em algumas situações, como quando a pessoa que consome probióticos está gravemente doente, os probióticos podem ser prejudiciais. Num ensaio clínico terapêutico realizado pelo Grupo Holandês de Estudo da Pancreatite, o consumo de uma mistura de seis bactérias probióticas aumentou a taxa de mortalidade dos doentes com pancreatite aguda grave prevista (Besselink MG *et.al.* 2008).

Num ensaio clínico realizado na Universidade da Austrália Ocidental, com o objetivo de demonstrar a eficácia dos probióticos na redução das alergias infantis, os investigadores deram a 178 crianças um probiótico ou um placebo durante os primeiros seis meses de vida. As crianças que receberam as bactérias boas tinham mais probabilidades de desenvolver sensibilidade aos alergénios (Bee, Peta, 2008)

Alguns hospitais relataram o tratamento de septicemia por lactobacilos, que é uma doença potencialmente fatal causada pelo consumo de probióticos por pessoas com sistemas imunitários debilitados ou que já estão muito doentes (Besselink MG *et.al.* 2008).

Não existem provas publicadas de que os suplementos probióticos sejam capazes de substituir a flora natural do organismo quando esta é eliminada; de facto, os níveis de bactérias nas fezes desaparecem em poucos dias após a interrupção da toma do suplemento.

Os probióticos tomados por via oral podem ser destruídos pelas condições ácidas do estômago. Estão a ser desenvolvidas várias técnicas de microencapsulação para resolver este problema (Islam MA *et.al.* 2010)

Estudos recentes indicam que os produtos probióticos, como os iogurtes, podem ser uma causa das tendências da obesidade (Raoult, Didier, 2009). No entanto, este facto é contestado, uma vez que a ligação à obesidade e outros problemas de saúde relacionados com o iogurte podem estar relacionados com os seus atributos lácteos e calóricos (Raoult, Didier (2009), Ehrlich, SD (2009)

Alguns especialistas são cépticos quanto à eficácia de muitas estirpes e acreditam que nem todos os indivíduos beneficiarão da utilização de probióticos (Bee, Peta, 2008).

2.1.5 Tipos de probióticos úteis para a saúde

Existem vários tipos diferentes de probióticos que ajudarão em diferentes áreas da saúde. Estes estão principalmente na forma da variedade Lactobacillus e Bifidobacterium. Para reforçar o sistema imunitário

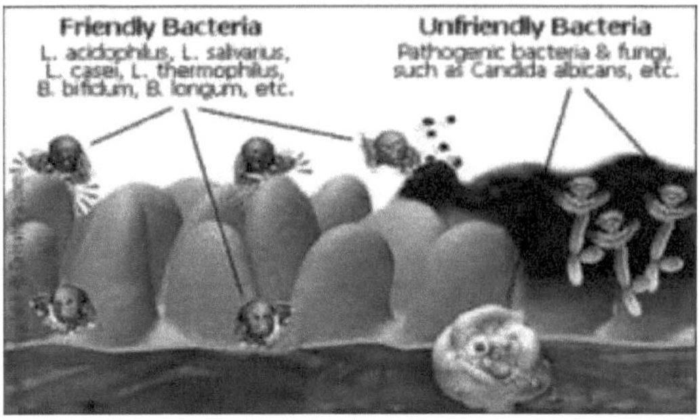

- Bifidobacterium lactis HNo19
- Bifidobacterium lactis Bb-12
- Lactobacillus casei DN-114 001
- Lactobacillus reuteri ATCC55730
- Lactobacillus rhamnosus GG (LGG)

Para o apoio associado a situações como a diarreia e outros problemas resultantes da utilização de antibióticos, estas estirpes podem ser úteis.

- S. cerevisiae (S. boulardi)
- Lactobacillusacidophilus CL1285
- Lactobacillus rhamnosus GG (LGG)
- Lactobacillus casei DN-114 001

Podemos encontrar muitas destas estirpes de bactérias no iogurte e nas bebidas à base de iogurte. Ao escolher um suplemento de probióticos na forma de cápsulas ou comprimidos, é vital verificar o rótulo para obter o máximo de informações possível.

CAPÍTULO-2.2
INTRODUÇÃO DOS PREBIÓTICOS

Roberfroid apresentou uma definição mais precisa no Journal of Nutrition de 2007 (Roberfroid MB, 2007), afirmando

"Um prebiótico é um ingrediente fermentado seletivamente que permite alterações específicas, tanto na composição como na atividade da microflora gastrointestinal, que conferem benefícios ao bem-estar e à saúde do hospedeiro. "

Além disso, na sua revisão de Prebióticos de 2007, Roberfroid afirmou que apenas dois fruto-oligossacáridos específicos satisfazem plenamente esta definição: a oligofrutose e a inulina (Marcel Roberfroid, 2007). Outras autoridades também classificam os galacto-oligossacáridos (GOS) como prebióticos. Os oligossacáridos de manano (MOS) têm sido designados como prebióticos, mas o mais correto seria serem designados como imunossacáridos

Atualmente, os investigadores centram-se também na distinção entre prebióticos de cadeia curta, de cadeia longa e de espetro total. Os prebióticos de "cadeia curta", por exemplo a oligofrutose, contêm 2-8 ligações por molécula de sacarídeo, são normalmente fermentados mais rapidamente no lado direito do cólon, fornecendo alimento às bactérias dessa zona. Os prebióticos de cadeia mais longa, por exemplo, a inulina, contêm 9-64 ligações por molécula de sacarídeo e tendem a ser fermentados mais lentamente, nutrindo as bactérias predominantemente no lado esquerdo do cólon. Os prebióticos de espetro completo fornecem uma gama completa de comprimentos de ligação molecular de 2 a 64 ligações por molécula e nutrem as bactérias em todo o cólon, por exemplo, a inulina enriquecida com oligofrutose (OEI). A maior parte da investigação sobre prebióticos baseia-se em prebióticos de espetro total, utilizando normalmente a OEI como substância de investigação (Brigitta Kleessen *et.al.* 2001), (Angelo Pietro Femia *et.al.* 2002), (R. Hughes e I.R. Rowland, 2001)

2.2.1 Funções dos prebióticos

A definição de prebiótico não enfatiza um grupo bacteriano específico. No entanto, em geral, assume-se que um prebiótico deve aumentar o número e/ou a atividade das bifidobactérias e das bactérias do ácido lático. A importância das bifidobactérias e das bactérias do ácido lático (também conhecidas como lactobacilos ou BAL) reside no facto de estes grupos de bactérias terem vários efeitos benéficos no hospedeiro, especialmente em termos de melhoria da digestão (incluindo o aumento da absorção de minerais (Coxam V, 2007) e da eficácia e força intrínseca do sistema imunitário (Stephanie Seifert e Bernhard Watzl, 2007). Um produto que estimula as bifidobactérias é considerado um fator bifidogénico. Assim, alguns prebióticos podem também atuar como um fator bifidogénico e vice-versa, mas os dois conceitos não são idênticos.

2.2.2 Fontes

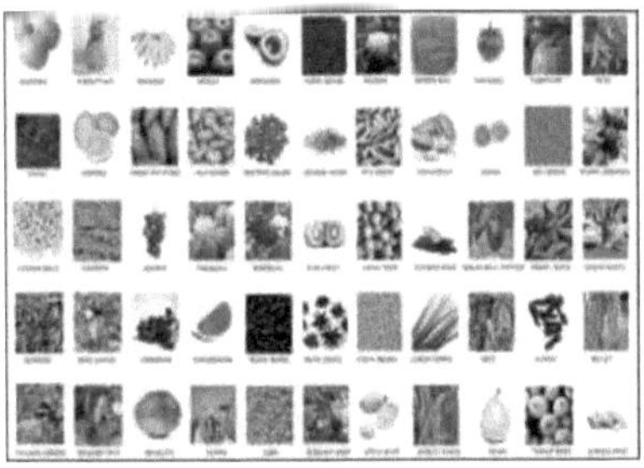

As fontes dietéticas tradicionais de prebióticos incluem soja, fontes de inulina (como alcachofra de Jerusalém, jicama e raiz de chicória), aveia crua, trigo não refinado, cevada não refinada e yacon. Acredita-se que alguns dos oligossacáridos que ocorrem naturalmente no leite materno desempenham um papel importante no desenvolvimento de um sistema imunitário saudável nos bebés.

É cada vez mais comum distinguir corretamente entre as substâncias prebióticas e os alimentos que as contêm. As referências às amêndoas, ao mel e a outros alimentos (mais frequentemente em materiais promocionais dos produtores desses alimentos) como "um prebiótico" não são exactas. Nenhuma planta ou alimento *é* um prebiótico: O trigo, o mel e muitos outros alimentos contêm prebióticos em maior ou menor grau, variando de porções bastante grandes (raiz de chicória, alcachofra de Jerusalém) a apenas quantidades vestigiais (milhares de outros alimentos à base de plantas). Referir-se a um alimento como "um prebiótico" não é mais exato do que chamar a um alimento "uma vitamina".

Quadro 2.1 Alimentos que contêm prebióticos

Alimentação	Teor de fibras prebióticas por peso
Raiz de chicória crua	64.6%
Alcachofra de Jerusalém crua	31.5%
Verduras cruas de dente-de-leão	24.3%
Alho cru	17.5%
Alho francês cru	11.7%
Cebola crua	8.6%
Cebola cozida	5%
Espargos crus	5%
Sêmea de trigo crua	5%
Farinha de trigo integral, cozida	4.8%
Banana crua	1%

Fonte- Alanna J *et.al.* 1999

Embora não exista um consenso alargado sobre a dose diária ideal de prebióticos, as recomendações variam tipicamente entre 4-8g para apoio geral à saúde digestiva e 15g ou mais para quem tem perturbações digestivas activas. Tendo em conta uma dose média de 6g, apresentam-se de seguida as quantidades de alimentos prebióticos necessárias para atingir uma dose diária de fibra prebiótica:

Quadro 2.2-

Alimentação	Quantidade de alimentos para obter uma dose de 6g de prebióticos
Raiz de chicória crua	9,3 g (cerca de 1/3 oz)
Alcachofra de Jerusalém crua	19g (cerca de 3/4 oz)
Verduras cruas de dente-de-leão	24,7 g (pouco menos de 1 oz)
Alho cru	34,3 g (cerca de 1,2 oz)
Alho francês cru	51,3 g (cerca de 1,8 oz)
Cebola crua	69,8 g (cerca de 2,5 oz)
Cebola cozida	120g (cerca de 1/4 lb)
Espargos crus	120g (cerca de 1/4 lb)
Farelo de trigo cru	120g (cerca de 1/4 lb)
Farinha de trigo integral, cozida	125g (cerca de 1/4 lb)
Banana crua	600g (cerca de 1,3 lb)

Fonte- Alanna J *et.al.* 1999

As pessoas que pretendem assegurar uma ingestão suficiente de prebióticos devem considerar cuidadosamente o conteúdo prebiótico da sua dieta, bem como a carga calórica/nutritiva que a acompanha: por exemplo, comer 1,3 kg de bananas por dia é suscetível de fornecer um excesso de calorias e açúcares/carboidratos à dieta. Existem também suplementos de fibras prebióticas com uma carga mínima de calorias, gorduras e açúcares.

Os oligossacáridos prebióticos são cada vez mais adicionados aos alimentos pelos seus benefícios para a saúde. Alguns oligossacáridos que são utilizados desta forma são fruto-oligossacáridos (FOS), xilooligossacáridos (XOS), polidextrose e galacto-oligossacáridos (GOS). Alguns monossacáridos, como a tagatose, são também utilizados por vezes como prebióticos. Nos alimentos para animais de companhia, os manooligossacáridos também estão a ser utilizados para fins prebióticos.

A engenharia genética de plantas para a produção de inulinas também se tornou mais prevalecente (Ritsema T *et.al.* 2003), apesar do conhecimento ainda limitado dos mecanismos imunológicos activados por essa suplementação alimentar (Peppelenbosch MP *et.al.* 2009)

2.2.3 Fisiologia dos prebióticos

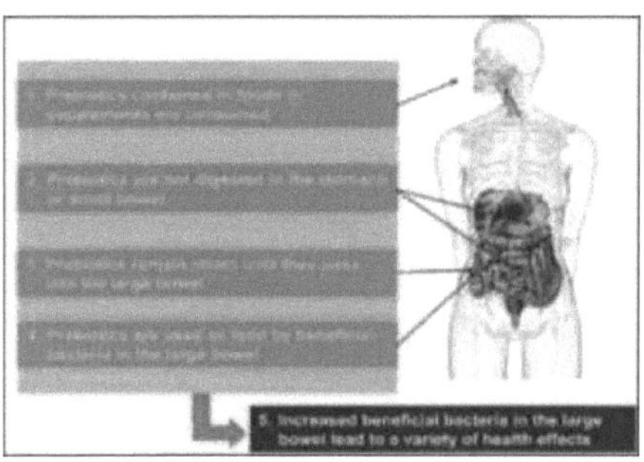

Os prebióticos são os nutrientes alimentares que alimentam os probióticos e que lhes permitem crescer. Por mais importantes que sejam os probióticos, eles não são auto-suficientes e dependem dos nutrientes dos prebióticos. Esta equipa que trabalha em conjunto é o que pode manter o nosso sistema digestivo em ordem. Os nutrientes prebióticos não são digeridos; alguns pedaços são engolidos pelas bactérias probióticas no intestino delgado e o que sobra acaba no intestino grosso. É aqui que a magia acontece... Ou cólon, como também é conhecido. Os benefícios para a saúde da ingestão de prebióticos acontecem devido a um processo de fermentação que tem lugar. A fermentação é a chave, não apenas no cólon, mas em todo o nosso trato intestinal.

Quando os nossos antepassados viviam em tendas e casas de barro, não podiam congelar ou pasteurizar os alimentos, mas descobriram a fermentação. E foi bom porque, para além de saberem bem e de os fazerem sentir bem, estes alimentos mantinham-nos muito saudáveis.

A fermentação produz ácido lático, e esta é a chave para compreender como os prebióticos afectam positivamente o intestino grosso e como podemos realmente colher todos os seus benefícios.

2.2.3.1 Papel do ácido lático

Quando os alimentos são fermentados, a razão pela qual não se decompõem nem se estragam deve-se a estas bactérias do ácido lático, que destroem as bactérias nocivas que, de outra forma, teriam estragado os alimentos. Quando comemos alimentos fermentados, sentimos o sabor da acidez, que é o ácido lático. As bactérias más não conseguem sobreviver no ácido lático, por isso, ao fazê-lo, criamos um ambiente que promove o crescimento de bactérias boas e inibe o crescimento de bactérias nocivas - o ambiente perfeito para o nosso intestino. Com os alimentos altamente processados da dieta ocidental, estes métodos antigos de fermentação dos alimentos já não são muito utilizados. É por isso que a indústria dos suplementos probióticos disparou. A investigação provou que o consumo regular de prebióticos ajuda a reduzir o risco de muitos problemas de saúde actuais:

- obesidade
- diabetes tipo 2
- níveis elevados de colesterol
- tensão arterial elevada
- prisão de ventre
- hemorróidas
- diverticulite ▪ doença inflamatória intestinal

2.2.4 Benefícios dos prebióticos para a saúde

2.2.4.1 Os prebióticos eliminam as bactérias más

Os agentes patogénicos têm o péssimo hábito de se agarrarem à parede dos nossos intestinos e aí se instalarem para se reproduzirem e continuarem a fazer coisas más que se podem manifestar como sintomas digestivos dolorosos. Uma nova descoberta diz que os prebióticos estão a impedir os agentes patogénicos de o fazerem (Katharina E *et.al.*2007)

2.2.4.2 Mantém os níveis de colesterol baixos

Os investigadores ainda estão a tentar perceber exatamente como é que os prebióticos estão a fazer isto, mas uma explicação é que o gel pegajoso produzido por um nutriente prebiótico conhecido como fibra solúvel, absorve o colesterol e os ácidos biliares nos intestinos e porque a bílis digere as gorduras, que são produzidas a partir do colesterol pelo fígado. Normalmente, qualquer excesso é reciclado pelo corpo, mas quando a fibra absorve os ácidos biliares, o corpo remove-os como resíduos. Todo este processo obriga o fígado a produzir mais, o que consome mais colesterol (Lomax AR *et.al.* 2006)

2.2.4.3 Ajuda a prevenir o cancro do cólon

Alguns especialistas acreditam que a fibra insolúvel dos prebióticos está, de facto, a contribuir para a prevenção do cancro do cólon. Este tipo de fibra, também conhecido como "fibra grosseira", funciona como uma "esfregona" no nosso trato digestivo, varrendo os carcinogéneos e outras toxinas perigosas antes de poderem ser absorvidos pela corrente sanguínea, onde podem causar danos (U. Munjal *et.al.* 2009)

2.2.4.4 Manter-nos regulares

A fibra prebiótica, em particular a fibra insolúvel, estimula os intestinos que mantêm os alimentos em movimento. Doses regulares desta fibra, também conhecida como "fibra grosseira", previnem a obstipação e outras condições causadas pela tensão no cólon, como a diverticulose e as hemorróidas.

2.2.4.5 Inibidor de apetite para perda de peso

Ambos os tipos de fibras prebióticas ajudam a manter o peso baixo. A fibra insolúvel é volumosa e dá-lhe a sensação de estar cheio e satisfeito durante mais tempo, mas não tem calorias. A fibra solúvel actua também como um supressor do apetite, formando um gel pegajoso que liberta os açúcares dos alimentos mais lentamente para a corrente sanguínea, mantendo a sensação de saciedade durante mais tempo. As pessoas pagam dinheiro por inibidores de apetite que funcionam nesta base, mas pode consegui-lo utilizando alimentos prebióticos naturais.

Estão a ser descobertas muitas provas positivas sobre a forma como os prebióticos estão a afetar a nossa saúde com o seu papel no nosso aparelho digestivo, especialmente no intestino grosso, que é o cólon. Obviamente, quaisquer descobertas novas e positivas nesta área serão muito benéficas devido aos números alarmantes de cancro relacionado com o cólon que temos atualmente na nossa sociedade.

As nossas dietas têm vindo a degradar-se lentamente, com cada vez mais alimentos processados. Os médicos deixaram de fazer "limpeza do cólon" em meados do século passado, era um dever relegado para as enfermeiras, mas até elas acabaram por deixar de o fazer. É algo em que simplesmente não pensamos até haver um problema nessa área, uma área de importância vital não só para a nossa saúde digestiva mas para a nossa sobrevivência (Geier MS *et al* 2006)

2.2.5 Outros efeitos dos prebióticos

Estudos demonstraram efeitos positivos na absorção de cálcio e de outros minerais (Katharina E *et al* 2007), na eficácia do sistema imunitário (Lomax AR *et al*), no pH intestinal, na redução do risco de cancro colorrectal (Geier MS *et al* 2006), nas doenças inflamatórias intestinais (doença de Crohn e colite ulcerosa) (Hedin C *et al* 2007), na hipertensão (pressão arterial elevada) e na regularidade intestinal. Tem sido argumentado que muitos destes efeitos na saúde emanam do aumento da produção de ácidos gordos de cadeia curta (SCFA) pelas bactérias benéficas estimuladas. Assim, os suplementos alimentares que aumentam especificamente o crescimento de bactérias intestinais produtoras de AGCC (como as espécies clostridia e bacteroides) são amplamente reconhecidos como benéficos.

Embora a investigação demonstre claramente que os prebióticos conduzem a um aumento da produção destes AGCC (Macfarlane S *et al* 2006), é necessária mais investigação para estabelecer uma relação causal direta. Tem-se argumentado que os prebióticos são benéficos para a doença de Crohn através da produção de AGCC para nutrir as paredes do cólon, e benéficos para a colite ulcerosa através da redução do gás sulfídrico devido à redução das bactérias produtoras de sulfato, que não se desenvolvem no ambiente ligeiramente ácido que os AGCC criam.

A adição imediata de quantidades substanciais de prebióticos à dieta pode resultar num aumento temporário de gases, inchaço ou movimentos intestinais. Tem-se argumentado que o consumo cronicamente baixo de alimentos que contêm prebióticos na dieta ocidental típica pode exagerar este efeito.

Os substratos das bactérias do cólon humano são relativamente estáveis. A produção de AGCC e a qualidade da fermentação são reduzidas durante dietas de longo prazo com baixo consumo de fibras (B Flourié *et al* 1996). Até que a flora bacteriana se estabeleça gradualmente para habilitar ou restaurar o tónus intestinal, a absorção de nutrientes será prejudicada e o tempo de trânsito colónico aumentará temporariamente com uma adição imediata de uma maior ingestão de prebióticos (Willems A. *et al* 1996)

CAPÍTULO-2.3
PAPEL DOS ALIMENTOS SIMBIÓTICOS
IN

2.3.1 Ingredientes nutricionais para a saúde da mulher: Probióticos e cuidados com a saúde urogenital

Quando se trata de saúde urogenital, muitas pessoas pensam na saúde sexual e na fertilidade. No entanto, manter um trato urogenital saudável é importante, independentemente dos níveis de atividade sexual ou do interesse em engravidar.

2.3.1.1 Saúde urogenital e flora vaginal

O trato urogenital é um sistema de órgãos que inclui o trato urinário e os órgãos reprodutores. A sua saúde é delicadamente mantida por múltiplos tipos de bactérias benéficas colonizadoras. Embora a flora vaginal possa variar consoante os indivíduos, as espécies de *Lactobacillus* dominam nas mulheres saudáveis.

Outras bactérias benéficas comuns incluem *as Proteobactérias* (por exemplo, *Escherichia coli*), *Actinobactérias* (por exemplo, *Bifidobactérias*) e *Fusobactérias* e *Bacteroidetes* (Kim TKet.al.2009). Estas bactérias indígenas provêm originalmente do trato intestinal, através do reto, e colonizam a vagina. Utilizam múltiplos mecanismos para impedir que outros organismos nocivos invadam, colonizem e infectem o trato urogenital, ajudando a manter uma saúde óptima da vagina e da bexiga.

2.3.1.2 Microflora e mecanismos de defesa

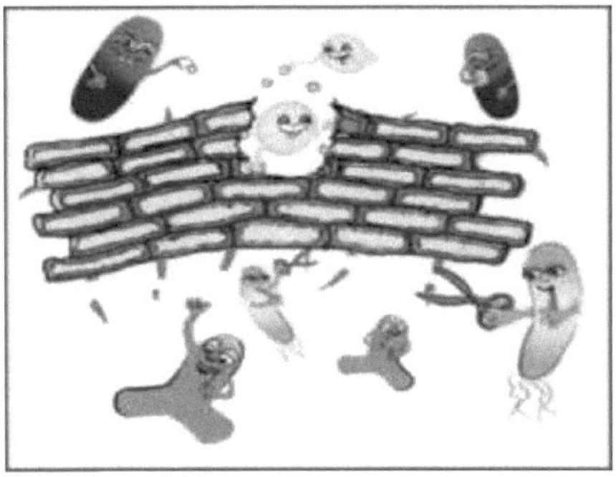

2.3.1.2.1 *Manutenção de um ambiente ácido*

Muitas bactérias boas, incluindo *os Lactobacilos,* produzem ácido lático a partir da glucose e de outras moléculas de açúcar. O ácido lático pode baixar o pH vaginal para 4,5, o que pode inibir eficazmente a colonização de organismos indesejáveis, como a *Candida*, a principal causa das infecções fúngicas.

No entanto, a secreção de ácido lático pode flutuar com os níveis de estrogénio. Num ciclo menstrual normal, a produção de ácido lático atinge um pico a meio do ciclo, quando a produção de estrogénio é mais elevada, e diminui quando os níveis de estrogénio são baixos. Assim, para algumas mulheres, o risco de desequilíbrio urogenital e de infeção pode ser maior quando a secreção de ácido lático é limitada (Ogunbanwo ST et.al. 2003)

2.3.1.2.2 *Produção de peróxido de hidrogénio*

Alguns *Lactobacillus* e outras estirpes produzem peróxido de hidrogénio para eliminar agentes patogénicos anaeróbios, incluindo *Garnerella vaginalis* e *Neisseria gonorrheas*. As bactérias anaeróbias estão adaptadas para proliferar em ambientes deficientes em oxigénio e, muitas vezes, não estão equipadas para combater um poderoso agente oxidante como o peróxido de hidrogénio.

O peróxido de hidrogénio pode também modular a resposta imunitária através da ativação do recetor gama ativado por proliferador de peroxissoma (PPARγ) e da redução da atividade de um elemento que responde ao NF-kB (Voltan S et.al.2008)

2.3.1.2.3 ***Produção de bacteriocinas***

As bactérias benéficas podem produzir moléculas proteicas denominadas bacteriocinas. As bacteriocinas actuam como antibióticos de espetro estreito para organismos indesejáveis e são estruturalmente, funcionalmente e ecologicamente diversas. Estas moléculas diversas podem inibir o crescimento e a proliferação de bactérias nocivas, interferindo com a produção e a função da parede celular e da membrana e com várias cascatas de sinalização celular (De Vugst L et.al.1994)

2.3.1.2.4 ***Biossurfactantes***

Os microrganismos formam frequentemente um biofilme, uma agregação de organismos, em que as paredes celulares aderem umas às outras ou à superfície de contacto para ajudar os organismos a residir e a colonizar. Muitos organismos endógenos, como os *Lactobacilos*, podem produzir biossurfactantes que podem interferir com a formação destes biofilmes que se formam entre os microrganismos nocivos.

2.3.1.2.5 ***Modulação imunitária***

As bactérias boas podem modular as respostas imunitárias contra os agentes patogénicos, aumentando as moléculas imunoestimuladoras, como o peróxido de hidrogénio, o G-CSF e as defensinas. Podem também estimular o recrutamento de neutrófilos mediado por IL-8 e outros mediadores. Estas moléculas e mediadores podem iniciar respostas imunitárias adequadas para lutar contra agentes patogénicos indesejados e evitar que estes causem um desequilíbrio no trato urogenital (Martins AJ *et.al.*2009), (Voltan S *et.al.*2008).

2.3.1.3 Desequilíbrio urogenital e sintomas

O delicado equilíbrio da microflora no trato urogenital pode ser facilmente perturbado por muitos factores, tais como alterações nos níveis hormonais, níveis de stress, dieta, ambiente, poluição e aderência e colonização de organismos indesejáveis.

Quando as microflores saudáveis são perturbadas, pode ocorrer um corrimento vaginal pouco saudável que cria um odor desagradável, ardor, comichão ou irritação. Nalguns casos, é necessária atenção médica imediata. Abaixo estão listadas as causas comuns de desequilíbrio urogenital e os sintomas associados.

2.3.1.3.1 ***Vaginite***

O termo *vaginite* é geralmente utilizado para descrever qualquer inflamação da vagina. A principal causa de vaginite são as infecções bacterianas e fúngicas, mas também é causada por traumas físicos ou alergia a produtos químicos e poluentes, incluindo látex e espermicidas (Reid G *et.al.* 1995)

2.3.1.3.2 ***Vaginite por levedura ou infeção por levedura***

A infeção por leveduras ou *vaginite por Candida* é causada por várias espécies de fungos e é responsável por 85 a 90% das infecções. Embora pequenas quantidades de fungos se encontrem normalmente na vagina e não causem quaisquer problemas, quando crescem em excesso, podem provocar sintomas como comichão, vermelhidão e/ou um corrimento espesso, branco ou amarelo, semelhante a queijo fresco.

Pensa-se que a principal causa do crescimento excessivo é a utilização de antibióticos, uma vez que estes podem perturbar a microflora saudável, facilitando o crescimento dos fungos. Mais de 75% das mulheres sofrem de vaginite por fungos durante a sua vida.

2.3.1.3.3 ***Vaginose bacteriana ou infeção bacteriana***

A vaginose bacteriana é uma infeção bacteriana que pode ser causada por um crescimento excessivo de bactérias indesejáveis, tais como *Gardnerella*, *Atopobium* e *Prevotella*. O crescimento excessivo é iniciado por muitos factores, incluindo o uso de antibióticos, medicamentos, dieta e alterações hormonais. Por exemplo, durante o ciclo menstrual, uma flutuação no estrogénio pode causar alterações na produção de ácido lático e no pH vaginal, o que pode permitir o crescimento excessivo de algumas bactérias prejudiciais à saúde (Petricevic L *et.al.* 2006).

Os sintomas da vaginose bacteriana incluem um odor a peixe, irritação, sensação de ardor ao urinar e um corrimento fino, cinzento-esbranquiçado. A vaginose bacteriana é a forma mais comum de infeção vaginal e afecta 10 a 30% das mulheres em qualquer altura (Anukam K *et.al.*2006).

2.3.1.3.4 ***Infecções do trato urinário***

A IU é uma infeção bacteriana do sistema urinário, incluindo os rins, o ureter, a bexiga e a uretra. A causa mais comum de IU é a propagação de bactérias indesejadas do reto ou da vagina para o trato urinário - propagando-se para a bexiga e, por vezes, para outras partes do sistema urinário.

Os sintomas de ITU incluem urina turva ou com mau cheiro, sensação de ardor durante a micção, micção frequente e dor, sensibilidade ou pressão à volta da bexiga. Mais de 50% das mulheres têm pelo menos um episódio de IU, e muitas delas têm várias infecções ao longo da vida (Matinez RC *et.al.*2006).

2.3.1.4 Probióticos: Manutenção de um trato urogenital saudável

Tal como referido nas secções anteriores, a saúde urogenital depende em grande medida do estado da microflora vaginal. O delicado equilíbrio entre os microrganismos benéficos e indesejáveis pode ser facilmente perturbado por vários factores, como as hormonas, o stress, a exposição a antibióticos e medicamentos, a falta de higiene pessoal e a dieta, causando muitos problemas de saúde.

Numerosos estudos clínicos e pré-clínicos demonstraram que os probióticos, em particular os que contêm estirpes de probióticos específicas do trato urogenital, podem ajudar a manter uma flora saudável, evitando o crescimento excessivo de agentes patogénicos nocivos. Os probióticos urogenitais podem repor as bactérias normais, especialmente quando o crescimento e a colonização destas bactérias benéficas estão comprometidos, prevenindo ou suprimindo assim as infecções por leveduras e bactérias.

Embora existam várias estirpes de bactérias indígenas no trato urogenital, estudos científicos indicaram que *o Lactobacillus rhamnosus* GR-1 e *o Lactobacillus reuteri* RC-14 têm muitas das caraterísticas ideais para probióticos de saúde da mulher, incluindo segurança, disponibilidade oral, atividade contra agentes patogénicos gram-positivos e gram-negativos, capacidade de sobrevivência espermicida e produção de factores que podem induzir eficazmente uma microflora equilibrada no trato urogenital.

2.3.1.5 Candidíase e probióticos

A candidíase ou aftas é uma infeção fúngica (micose) de qualquer uma das espécies de Candida (todas as leveduras), das quais a Candida albicans é a mais comum. Um crescimento excessivo no trato gastrointestinal da levedura (ou fungo) Candida albicans, normalmente benigna, está agora a ser reconhecido como uma síndrome médica complexa denominada candidíase crónica ou síndrome da levedura. Muitas mulheres têm a síndrome da levedura mas nem sequer sabem que é a razão pela qual se sentem "doentes por todo o lado". No entanto, mesmo as mulheres que sabem que sofrem da síndrome de levedura, muitas vezes vivem com esta condição debilitante durante anos, porque os seus médicos são incapazes de lhes fornecer um programa de cura eficaz e seguro.

O doente típico com a síndrome da levedura é jovem e do sexo feminino. De facto, as mulheres têm oito vezes mais probabilidades de sofrer da síndrome da levedura do que os homens. Normalmente, tomam medicamentos com estrogénios, como as pílulas anticoncepcionais, e recebem um número de prescrições de antibióticos superior ao normal, sobretudo tetraciclina e metronidazol, e cremes tópicos como a eritromicina.

De facto, acredita-se que o uso prolongado de antibióticos é o fator mais importante no desenvolvimento da candidíase crónica. Os antibióticos suprimem o sistema imunitário e as bactérias intestinais amigáveis que impedem o crescimento excessivo de leveduras, promovendo fortemente a proliferação da cândida.

Isto significa que o trato gastrointestinal de quem sofre de candida tem frequentemente de ser recultivado com bactérias amigáveis. Os produtos que estimulam o L. acidophilus ou o B. bifidum podem ajudar imenso como parte de um programa abrangente que aborda toda a pessoa. Os probióticos são um suplemento natural para ajudar a restaurar essas populações que podem então melhorar a resposta de cura para que as pessoas que sofrem de candida possam ultrapassar o estado infecioso crónico.

2.3.2 Probióticos e gravidez

Os probióticos são "bactérias benéficas" que vivem no trato gastrointestinal. Na verdade, a maioria das populações tem demasiadas bactérias nocivas, o que leva a uma série de problemas, incluindo diminuição da saúde imunitária, má digestão, inchaço, gases, obstipação, etc. Há muitas razões para tomar um suplemento de probióticos durante a gravidez (Smeikal *et.al.* 2003)

- Melhoram a digestão ao estimular o peristaltismo, as contracções rítmicas do intestino grosso. Uma melhor digestão significa uma melhor absorção dos nutrientes.
- Actuam como antibióticos naturais, ajudando a combater as bactérias nocivas no intestino. As bactérias boas não vão deixar que as pequenas bactérias nocivas tomem conta; vão lutar para se manterem em grande número.
- São responsáveis pelo fabrico de vitaminas B e de vitamina K. As vitaminas B são importantes para a produção de energia e a vitamina K para a coagulação do sangue. Tanto as vitaminas B como a vitamina K são importantes durante a gravidez, assegurando que as bactérias boas estão em grande número significa que o corpo é capaz de produzir ambas para ajudar a satisfazer as necessidades durante a gravidez.
- A utilização de probióticos durante a gravidez está associada a uma diminuição do eczema e de outras alergias nos bebés. Um estudo da Universidade de Turku, na Finlândia, concluiu que as mulheres grávidas com alergias podem reduzir o risco de os seus filhos ficarem sensibilizados aos alergénios se tomarem regularmente bactérias boas. E num estudo de 2008, as mulheres grávidas receberam suplementos probióticos

a partir do oitavo mês de gravidez e os seus bebés receberam probióticos durante 6 meses. Os bebés tinham 30% menos probabilidades de desenvolver eczema do que os bebés que não receberam suplementos probióticos.

- Os probióticos são importantes para a saúde imunitária - até 80% do nosso sistema imunitário está localizado no nosso trato digestivo.
- Foi demonstrado que os Probioitcs ajudam na eliminação de problemas digestivos, incluindo gases, obstipação, diarreia e SII.
- Os probióticos podem também ajudar a reduzir os sintomas de cólicas nos bebés. Um estudo publicado na revista Pediatrics em janeiro de 2007 comparou os resultados do tratamento de bebés com cólicas com simeticone (medicamento para o inchaço) e probióticos. Os probióticos reduziram os sintomas em noventa e cinco por cento dos bebés no espaço de uma semana, enquanto apenas sete por cento do grupo da simeticona teve uma resposta semelhante. Os probióticos parecem ter uma ação natural de alívio da dor no intestino que ajuda na sua utilidade para as cólicas.

Sugere-se a suplementação com um probiótico de boa qualidade para garantir a colonização do trato digestivo. Os probióticos estão presentes em alguns produtos alimentares como o iogurte, o kefir, o chucrute, o tempeh e o miso.

1.1.1.1 Os probióticos durante a gravidez previnem o parto prematuro

Existem muitas complicações graves na gravidez que podem prejudicar o bebé ou a mãe, ou mesmo ambos. Uma das ameaças é o trabalho de parto prematuro. Mas a toma de probióticos durante a gravidez pode prevenir o trabalho de parto prematuro.

O trabalho de parto prematuro causa frequentemente muitos problemas de saúde para o bebé, bem como stress e ansiedade para os pais. Muitos casos de trabalho de parto prematuro são causados por uma infeção vaginal, que estimula o trabalho de parto.

Vaginose bacteriana em que há um crescimento excessivo da flora vaginal, mais frequentemente Gardenerella vaginalis ou E. coli. Normalmente, a vagina tem uma camada de bactérias amigáveis, cuja função é impedir o crescimento de bactérias nocivas. No entanto, com o uso generalizado de antibióticos antes ou durante a gravidez, a colonização de bactérias amigáveis fica desequilibrada e pode fazer com que as bactérias nocivas comecem a crescer. Estas bactérias nocivas podem encontrar o seu caminho para a cavidade uterina e penetrar no saco amniótico. Elas enfraquecem-no e provocam a sua rutura.

Existem duas estirpes de probióticos que se acredita serem as melhores para prevenir a infeção vaginal ou a vaginose bacteriana. São elas o Lactobacillus rhamnosus GR-1 e o Lactobacillus reuteri RC-1.

Os probióticos durante a gravidez, tanto por via oral como vaginal (acredita-se que os probióticos vaginais são o método mais eficaz), proporcionam uma condição saudável para o bebé em trabalho de parto. Para além de tomar probióticos, certifique-se também de que descansa bastante e bebe muita água. A desidratação pode provocar contracções.

2.3.3 Probióticos e lactação

Acredita-se que os probióticos durante a gravidez e a amamentação promovem a proteção do sistema imunitário do seu bebé. A alergia e o eczema são dois problemas de saúde que muitos bebés apresentam durante os meses que se seguem ao seu nascimento. Quando uma mãe toma probióticos durante a gravidez e a amamentação, as substâncias que estimulam a produção de imunoglobulina A (componente do sistema imunitário que ajuda a defender o corpo contra alergénios) são transferidas para o bebé através do sangue ou do leite materno. Isto significa que a mãe fornecerá ao seu bebé o sistema imunitário necessário para combater os riscos de alergia e eczema durante os primeiros dois anos (Rautava *et.al.*2002).

2.3.3.1 Aleitamento materno e flora intestinal do bebé

A colonização da flora intestinal de um bebé é afetada por uma variedade de factores. A mãe tem uma grande influência no desenvolvimento e na maturação do trato gastrointestinal do seu bebé. O stress, as infecções, o estado deficiente da flora intestinal ou os maus hábitos alimentares da mãe durante a gravidez podem levar à disbiose do bebé.

O tipo de leite que um bebé bebe também influencia a composição da sua flora intestinal. A microflora de um bebé que é amamentado por uma mãe que consome probióticos é dominada por bactérias bífidas. A amamentação estabelece as defesas imunitárias do bebé, o que impede o aumento da permeabilidade intestinal e fornece nutrientes para que as suas bactérias benéficas se desenvolvam (Reid, Burton, Devillard 2004).

2.3.4 Probióticos e beleza

Os probióticos são microrganismos bacterianos bem conhecidos pela sua capacidade de aliviar determinados problemas internos, como a diarreia, a síndrome do intestino irritável e a intolerância à lactose. No entanto, os dermatologistas e outros especialistas em pele descobriram que os seus benefícios vão para além da saúde digestiva.

Uma vez que a acne é parcialmente causada por um crescimento excessivo de bactérias, os probióticos ingeridos ajudam a tratar a pele propensa a borbulhas, reequilibrando as bactérias no estômago para criar uma sobrecarga de bactérias boas. Topicamente, proporcionam proteção contra bactérias nocivas, restauram o equilíbrio e constroem a barreira protetora da pele e a flora bacteriana normal para ajudar a eliminar as erupções cutâneas.

Pensa-se que o eczema é causado por um desequilíbrio da pele que provoca uma disfunção da barreira. Alguns dermatologistas descobriram que os probióticos melhoram o eczema, ajudando as bactérias boas e permitindo-lhes continuar a libertar oxigénio para que a pele respire melhor, o sangue flua e o equilíbrio seja restaurado.

Os probióticos podem mesmo ajudar a combater os agressores externos que aceleram o envelhecimento. A destruição da barreira da pele devido a factores como o sol, o fumo e a poluição leva a uma maior dispersão de bactérias nocivas, que podem causar inflamação, perda de elasticidade e, por fim, rugas. Mas os probióticos podem ajudar a melhorar a hidratação, estimular as funções celulares e regenerar a pele madura, tornando-a mais macia e suave (Palacios *et.al* 2008).

2.3.5 Os probióticos e as mulheres de idade avançada

A partir de todas as descobertas acima mencionadas, parece haver um caso muito bom para a administração de probióticos à população idosa. Em resumo, estes indivíduos apresentam uma série de alterações fisiológicas, imunológicas e microbiológicas, relativamente aos indivíduos mais jovens, que indicam que a introdução de microrganismos benéficos melhoraria direta ou indiretamente a saúde.

2.3.5.1 Probióticos: Escolha de estirpes, estratégias e temas adequados

Várias revisões abrangentes recentes resumiram os principais benefícios associados ao consumo de probióticos em adultos mais velhos, que se sobrepõem em grande parte aos esperados ou desejados em adultos mais jovens. Esses benefícios incluem o aumento dos níveis de bifidobactérias, a redução do grau de obstipação, o aumento da imunidade inata e a redução da inflamação. No entanto, presumivelmente, nem todos os estudos negativos, ou seja, os que não revelam qualquer alteração ou benefício para a saúde dos consumidores, acabam por ser publicados e, além disso, nem todos os estudos publicados referem resultados positivos. Por exemplo, a administração recente de iogurte probiótico e de um composto probiótico (galacto-oligossacárido) não teve grande efeito nos principais grupos da microbiota em adultos mais velhos; o consumo não afectou significativamente a diversidade ou a estabilidade temporal destes grupos, conforme medido por metodologia molecular.

Embora o iogurte contivesse *Bifidobacterium lactis* Bb-12 (e *Lactobacillus acidophilus* LaCH-5), não se registou um aumento geral de bifidobactérias. Quando se avaliam os resultados dos ensaios com probióticos, é importante referir que a obtenção de efeitos benéficos depende normalmente do género e da espécie do organismo probiótico e, em muitos casos, depende também da estirpe. *Lactobacillus delbrueckii* subespécie *bulgaricus* (*L. bulgaricus*) OLL1073R-1 é uma estirpe que demonstrou anteriormente ter propriedades imunomoduladoras em modelos de ratos. A administração de iogurte fermentado por esta estirpe a pessoas idosas (n = 142; uma idade média de 74,5 anos) reduziu significativamente a incidência e a gravidade das constipações de inverno e dos sintomas gerais das vias respiratórias superiores. Esta melhoria foi acompanhada por um aumento da atividade das células assassinas naturais nos indivíduos que receberam o iogurte. A validação pré-clínica de efeitos benéficos em sistemas *in vitro* ou em modelos animais pode, portanto, ser benéfica para a seleção de estirpes, mas obviamente não pode substituir os ensaios em seres humanos.

A grande maioria dos probióticos disponíveis no mercado são espécies de *Lactobacillus* ou *Bifidobacterium* que foram selecionadas antes do advento da análise do microbiota independente da cultura. Os principais critérios de seleção, de forma pragmática, eram a posse, por parte das estirpes, de caraterísticas demonstráveis "relacionadas com os probióticos", que eram tipicamente a resistência aos ácidos e à bílis (indiscutivelmente caraterísticas de sobrevivência, e não verdadeiros fenótipos de interação com o hospedeiro), a capacidade de aderir às células cultivadas e, de forma crítica, a estabilidade tecnológica da estirpe no produto de consumo processado.

Com o aumento da quota de mercado dos alimentos funcionais, com o aumento da concorrência e com o aumento do conhecimento da marca por parte dos consumidores mais exigentes, a caraterização adicional das estirpes probióticas incluiu a redução dos riscos de infeção, a modificação dos componentes da dieta e a estimulação da resposta imunitária inata ou adaptativa. No entanto, agora que temos uma melhor compreensão da microbiota intestinal humana, apresenta-se um novo paradigma para a seleção de espécies e estirpes probióticas, o que é particularmente interessante para as populações mais idosas com a composição dinâmica e distinta da microbiota anteriormente referida. Por exemplo, as pessoas mais velhas são susceptíveis à "inflamação", um aumento progressivo dos marcadores pró-inflamatórios, bem como à imunosenescência exemplificada pela perda de células T $CD4^+$ naive.

Foi sugerido que esta inflamação persistente e crescente nas pessoas idosas está associada a alterações na microbiota, incluindo reduções nas bifidobactérias aderentes ao muco. No entanto, para além da administração convencional de probióticos, a inflamação persistente poderia ser visada através da administração de bactérias anti-inflamatórias recentemente reconhecidas, como a *F. prausnitzii*, que, como já foi referido, demonstrou estar empobrecida em doentes com doença inflamatória intestinal e ser anti-inflamatória em humanos com doença inflamatória intestinal e em modelos de colite murina.

As nossas análises recentes do microbiota de adultos mais velhos na Irlanda confirmaram que a prevalência do género *Faecalibacterium* variava significativamente entre indivíduos, apoiando a noção de que os níveis deste organismo poderiam ser adequados para intervenção terapêutica em pessoas mais velhas com inflamação intestinal. Tal intervenção poderia assumir o formato de administração direta de *F. prausnitzii* (tecnicamente difícil para um anaeróbio obrigatório que não é facilmente cultivado em cultura laboratorial), administração de prebióticos (embora a especificidade para estimular o crescimento de apenas *F. prausnitzii* possa ser difícil de alcançar), ou através da administração de probióticos que visam elementos concorrentes no microbiota (uma noção atractiva, ainda apenas na fase concetual).

Dadas as relações entre a microbiota e a utilização da dieta, a extração de energia e a conversão em compostos mais facilmente metabolizáveis, outra estratégia probiótica poderá ser a modificação racional da microbiota para aumentar a eficiência nutricional. A nossa recente análise independente da cultura do microbiota de várias centenas de indivíduos identificou grandes alterações interindividuais nas proporções de filos, géneros e grupos de *Clostridium* associados à produção de AGCC.

A modulação do microbiota em indivíduos nos quais as proporções de bactérias produtoras de butirato são baixas tem o potencial não só de melhorar a extração de energia da dieta, mas também de melhorar a estrutura óssea devido a efeitos indirectos mas significativos na absorção e deposição de minerais. É evidente que isto seria muito benéfico para os indivíduos mais velhos, para os quais a saúde óssea é uma questão importante. Embora o aumento desejado das proporções de bactérias produtoras de AGCC na microbiota possa, teoricamente, ser conseguido através do consumo de prebióticos, existem problemas significativos na obtenção da especificidade da promoção do crescimento bacteriano. Assim, uma estratégia probiótica alternativa poderia ser a administração direta de uma cultura ou culturas de organismos conhecidos por produzirem AGCC, de preferência em associação com uma suplementação dietética definida. É claro que esses organismos devem ser bem definidos (ou seja, sequenciados no genoma) e desprovidos de propriedades indesejáveis, como genes de resistência a antibióticos.

Uma questão pertinente é a gama de respostas benéficas que podem ser razoavelmente esperadas após a administração de culturas ou produtos probióticos a um grupo de indivíduos idosos, como acontece com qualquer grupo etário. Kleerebezem e os seus colegas cunharam a frase provocadora "largura de banda da saúde humana" e o conceito que a acompanha, segundo o qual a eficácia mensurável de um probiótico dependerá logicamente do ponto desta largura de banda em que se encontra inicialmente o estado de saúde de um determinado consumidor, por exemplo, antes do tratamento [Kleerebezem M, Pers. Comm.]. Existem provas clínicas e moleculares que apoiam esta ideia.

Por exemplo, em ensaios de consumo entre adultos mais velhos durante um período de 9 semanas, Gill e colegas relataram que os maiores aumentos nos biomarcadores da função imunitária melhorada foram medidos em indivíduos com os níveis mais baixos de pré-tratamento. Em seres humanos que consumiram lactobacilos probióticos, a variação entre pessoas foi a maior fonte de variação no transcriptoma do epitélio do intestino delgado.

Assim, a magnitude da resposta ou o benefício fisiológico mensurável do consumidor individual de um produto probiótico pode variar significativamente. Esta constatação não tem sido aplicada de forma consistente aos ensaios de probióticos para os adultos mais velhos (ou para a maioria dos outros grupos), o que torna mais difícil uma interpretação uniforme dos seus benefícios para a saúde. Os adultos mais velhos, enquanto grupo na sociedade, abrangem normalmente um maior leque de estados de saúde (desde uma vida saudável e independente até uma vida frágil e dependente de assistência). Sabe-se que têm um microbiota em fluxo que varia significativamente mais entre indivíduos do que numa coorte de adultos mais jovens.

CAPÍTULO 3
CONCLUSÃO

Os alimentos funcionais, como os probióticos, prebióticos e nutracêuticos, são de extremo interesse para os investigadores. Há cada vez mais evidências de que estes ingredientes alimentares podem melhorar e, em alguns casos, tratar certas condições que estão implicadas na saúde da mulher. A utilização de probióticos (bactérias vivas e benéficas) na melhoria das condições do trato gastrointestinal e não gastrointestinal, tais como a síndrome do intestino irritável, candidíase e outras condições do trato urogenital feminino são revistas. É também dada ênfase à importância dos prebióticos (ingredientes alimentares não digeríveis) na gestão da osteoporose, no alívio dos sintomas da menopausa e na redução do aparecimento de cancro.

Entre os numerosos efeitos positivos dos microrganismos probióticos e dos hidratos de carbono prebióticos observados em estudos clínicos, a maioria dos quais, no entanto, não preenche os critérios de verificação farmacêutica, alguns são de relevância específica para a saúde feminina. Para além de algumas notas relativas às potenciais interações microbiota-hormona, a primeira linha com aplicações preventivas e/ou terapêuticas de bactérias probióticas para manter uma flora intestinal e urogenital equilibrada, bem como no caso da síndrome do intestino irritável, obstipação (trânsito lento idiopático) e infecções do trato urogenital. Foi demonstrado que deslocam e matam os agentes patogénicos e modulam a resposta imunitária, interferindo na cascata inflamatória que conduz ao parto prematuro. Durante a gravidez, o tratamento local que restabelece a flora e a acidez vaginais normais sem efeitos sistémicos pode ser preferível a outros tratamentos na prevenção do parto pré-termo.

Outros aspectos são a promoção da saúde óssea e a prevenção da osteoporose provocada pela inulina, oligofrutose e galactooligossacáridos. Outras condições, nomeadamente a anorexia nervosa, a síndrome pré-menstrual, bem como a prevenção ou o alívio de perturbações do climatério e da menopausa, para as quais a utilização de probióticos é bastante hipotética ou é largamente estudada por médicos praticantes de medicina alternativa. Assim, o alimento simbiótico afecta positivamente todas as fases da vida da mulher e promove a boa saúde.

CAPÍTULO 4

REFERÊNCIAS

1) **Angelo Pietro Femia, Cristina Luceri, Piero Dolara, Augusto Giannini, Annibale Biggeri, Maddalena Salvadori, Yvonne Clune, Kevin J. Collins, Milena Paglierani e Giovanna Caderni (2002)** " Antitumorigenic activity of the prebiotic inulin enriched with oligofructose in combination with the probiotics Lactobacillus rhamnosus and Bifidobacterium lactis on azoxymethane-induced colon carcinogenesis in rats". *Carcinogenesis*, Vol. 23, No. 11.

2) **Alanna J. Moshfegh, James E. Friday, Joseph P. Goldman e Jaspreet K. Chug Ahuja (1999)** "Presence of Inulin and Oligofructose in the Diets of Americans". *Journal of Nutrition* 129:1407S-1411S

3) **Allen SJ, Martinez EG, Gregorio GV, Dans LF (2010)** "Probióticos para o tratamento da diarreia infecciosa aguda".*Cochrane Database Syst Rev* **11** (11): CD003048.

4) **Agerholm-Larsen, L; Bell ML, Grunwald GK, Astrup A. (2002).** "O efeito de um produto lácteo probiótico no colesterol plasmático: uma meta-análise de estudos de intervenção de curto prazo". *Jornal Europeu de Nutrição Clínica* **54** (11): 856-860. PMID 11114681

5) **Brigitta Kleessen, Ludger Hartmann e Michael Blaut (2001)**. "Oligofructose e inulina de cadeia longa: influência na ecologia microbiana intestinal de ratos associados a uma flora fecal humana". *British Journal of Nutrition*, 86, 291-300

6) **Brady LJ, Gallaher DD, Busta FF (2000).** "O papel das culturas probióticas na prevenção do cancro do cólon". *The Journal of Nutrition* **130** (2S Suppl): 410S- 414S. PMID 10721916.

7) **Boyle RJ, Bath-Hextall FJ, Leonardi-Bee J, Murrell DF, Tang ML (2008).** Boyle, Robert John. ed. "Probióticos para o tratamento do eczema".*Cochrane Database Syst Rev* (4): CD006135.doi:10.1002/14651858.CD006135.pub2. PMID 18843705.

8) **Braat, H; Van Den Brande, J; Van Tol, E; Hommes, D; Peppelenbosch, M; Van Deventer, S (2004).** "Lactobacillus rhamnosus induz hiporesponsividade periférica em células T CD4 + estimuladas por meio da modulação da função das células dendríticas". *O jornal americano de nutrição clínica* **80** (6): 1618-25.PMID 15585777.

9) **Cummings JH, Roberfroid MB (1997) "**A new look at dietary carbohydrate: chemistry, physiology and health". *Eur J Clin Nutr* 51:417-42.

10) **Coudray C, Bellanger J, Catiglia-Delavaud C (1997)** "Effect of soluble and partially soluble dietary fibers supplementation on absorption and balance of calcium, magnesium, iron and zinc in healthy young men". *Eur JClin Nutr 1997;* 51:375-80.

11) **Coxam V (2007)** "Current data with inulin-type fructans and calcium, targeting bone health in adults". *J Nutr* 137(11 Suppl): P-2527S

12) **Cheplin HA, Rettger LF (1920). "**Estudos sobre a Transformação da Flora Intestinal, com Referência Especial à Implantação de Bacillus Acidophilus: II. Feeding Report of a Joint FAO/WHO Expert Consultation on Evaluation of Health and Nutritional Properties of Probiotics in Food Including Powder Milk with Live Lactic Acid Bacteria (outubro de 2001). "Propriedades nutricionais e de saúde dos probióticos nos

alimentos, incluindo leite em pó com bactérias vivas do ácido lático". *Organização das Nações Unidas para a Alimentação e Agricultura, Organização Mundial de Saúde.* Recuperado em 2009-11-04.

13) **Cremonini F, Di Caro S, Nista EC (2002).** "Meta-análise: o efeito da administração de probióticos na diarreia associada a antibióticos". *Aliment. Pharmacol. Ther.* **16** (8): 1461-7.doi:10.1046/j.1365-2036.2002.01318.x. PMID 12182746.

14) **Davidson MH, Maki KC, Synecki C (1998)** "Evaluation of the influence of dietary inulin on serum lipids in adults with hypercholesterolemia". *Journal of Nutrition* 18:50317.

15) **D'Souza AL, Rajkumar C, Cooke J, Bulpitt CJ (2002)**. "Probiotics in prevention of antibiotic associated diarrhoea: meta-analysis". *BMJ* **324** (7350): 1361.

16) **Doron SI, Hibberd PL, Gorbach SL. (2008).** "Probióticos para a prevenção de diarreia associada a antibióticos". *JClin* **Gastroenterol42** (Suppl 2): S58-63.

17) **Ellegard L, Andersson H, Bosaeus I (1997)** "Inulin and oligofructose do not influence the absorption of cholesterol or the excretion of cholesterol, Ca, Mg, Zn, Fe, or bile acids but increases energy excretion in ileostomy subjects". *Eur J Clin Nutr* 51:1-5.

18) **Fiordaliso M, Kok N, Desager JP (1995)** Dietary oligofructose lowers triglycerides, phospholipids and cholesterol in serum and very low density lipoproteins of rats. *Lipids* 1995; 30:163(7).

19) **Fuller R (1989).** "Probióticos no homem e nos animais". *O Jornal de Bacteriologia Aplicada* **66** (5): 365-78.

20) **Gibson GR, Roberfroid MB (1995)** "Dietary modulation of the human colonic microbiota: introducing the concept of prebiotics". *J Nutr* 125(6):1401-12. PMID

21) **Geier MS (2006)** Probiotics, prebiotics and synbiotics: a role in chemoprevention for colorectal cancer? *Cancer Biol Ther* 5(10): P-1265-9

22) **Givson, G. R., Willems, A., Reading, S., Collins, M. D. (1996)** "Fermentation of non- digestible oligosaccharides by human colonic bacteria". Simpósio 2. *Actas da Sociedade de Nutrição* 55, 899-912.

23) **Gilliland SE, Walker DK (1990).** "Factores a considerar ao selecionar uma cultura de Lactobacillus acidophilus como adjuvante da dieta para produzir um efeito hipocolesterolémico em humanos". *Journal of Dairy Science* **73** (4): 905-11.

24) **Guyonnet D, Chassany O, Ducrotte P (2007).** "Efeito do leite fermentado contendo Bifidobacterium animalis DN-173 010 na qualidade de vida relacionada com a saúde e nos sintomas da síndrome do intestino irritável em adultos nos cuidados primários: um ensaio multicêntrico, aleatório, duplamente cego e controlado". *Aliment. Pharmacol. Ther.* **26** (3): 475-86.

25) **Hoebregs H (1997)**. "Fructans in foods and food products, ion-exchange chromatographic method: collaborative study". *J Assoc OffAnal Chem Int* 80:1029-37.

26) **Hedin C (2007)** "Evidence for the use of probiotics and prebiotics in inflammatory bowel disease: a review of clinical trials". *Proc Nutr Soc.*66(3): P-307-15

27) **Hamilton-Miller, Professor J. M. T.; G. R. Gibson, W. Bruck (2003)** "Some insights into the derivation and early uses of the word 'probiotic'". *British Journal of Nutrition* (90): 845.doi:10.1079/BJN2003954. Recuperado em 19 de novembro de 2009.

28) **Hamilton-Miller JM (2003).** "O papel dos probióticos no tratamento e prevenção da infeção por Helicobacter pylori". *Jornal Internacional de Agentes Antimicrobianos* **22** (4): 360-6.

29) **Hitti e Miranda (2006).** "Os probióticos podem ajudar o intestino stressado". WebMD. Recuperado em 2006-10-24

30) **Jackson TG, Taylor GRJ, Clohessy AM (1999)** "The effects of the daily intake of inulin on fasting lipid, insulin and glucose concentrations in middle-aged men and women". *Br J Nutr* 89:23-30.

31) **Kaila M, Isolauri E, Soppi E, Virtanen E, Laine S, Arvilommi H (1992)**" Reforço da resposta das células secretoras de anticorpos circulantes na diarreia humana por uma estirpe de Lactobacillus humano". *pediatr Res* 1992;32:141(4.

32) **Katharina E. Scholz-Ahrens, Jürgen Schrezenmeir (2007)** "Inulin and Oligofructose and Mineral Metabolism: The Evidence from Animal Trials *". JNutr.* 137: 2513S

33) **King CK, Glass R, Bresee JS, Duggan C (2003).** "Managing acute gastroenteritis among children: oral rehydration, maintenance, and nutritional therapy".*MMWR Recomm Rep* **52**(RR-16): 1-16. PMID 14627948.

34) **Kiessling, G; Schneider J, Jahreis G (2002).** "O consumo a longo prazo de produtos lácteos fermentados durante 6 meses aumenta o colesterol HDL". *Jornal Europeu de Nutrição Clínica* **56** (9): 843-849.

35) **Kirjavainen PV, Salminen SJ, Isolauri E (2003).** "Bactérias probióticas no tratamento da doença atópica: sublinhando a importância da viabilidade". *J. Pediatr. Gastroenterol. Nutr.* **36** (2): 223-7.

36) **Lomax AR, Calder PC (2003)** "Prebiotics, immune function, infection and inflammation: a review of the evidence". *Instituto de Nutrição Humana, Faculdade de Medicina, Universidade de Southampton, Tremona Road, Southampton, Reino Unido*

37) **L El Oufir, B Flourié, S Bruley des Varannes, J L Barry, D Cloarec, F Bornet, e J P Galmiche (1996)** "Relations between transit time, fermentation products, and hydrogen consuming flora in healthy humans Gut".38(6): 870-877. PMCID: PMC1383195

38) **Ljungh A, Wadstrom T (editores) (2009).** *Biologia molecular de Lactobacillus: From Genomics to Probiotics*. Caister Academic Press, ISBN 978-1-904455-41-7.

39) **Marteau P, Rambaud JC (1993)** "Potential for using lactic acid bacteria for therapy and immunomodulation in man*". FEMS Microbiol Rev* 12:207-20.

40) **Metchnikoff, E. 1907.** Essais optimistes. Paris. O prolongamento da vida. Estudos optimistas. Traduzido e editado por P. Chalmers Mitchell. Londres: Heinemann, 1907.

41) **Mach T (2006).** "Utilidade clínica dos probióticos na inflamação intestinal doenças". *Journal of Physiology and Pharmacology : an Official Journal of the Polish Physiological Society* **57 Suppl 9**: 23-33. PMID 17242485.

42) **Mcfarland LV. (2006).** "Meta-análise de probióticos para a prevenção de diarreia associada a antibióticos e o tratamento da doença de Clostridium difficile". *Am J Gastroenterol* **101** (4): 812-22.

43) **Marcos A, Warnberg J, Nova E, Gómez S, Alvarez A, Alvarez R, Mateos JA, Cobo JM (2004).**

"O efeito do leite fermentado com culturas de iogurte e Lactobacillus casei DN 114001 na resposta imunitária de indivíduos submetidos a exames académicos
European Journal of Nutrition **43** (6): 381-389.

44) **Nase L, Hatakka K, Savilahti E (2001).** "Efeito do consumo a longo prazo de uma bactéria probiótica, Lactobacillus rhamnosus GG, no leite sobre a cárie dentária e o risco de cárie em crianças". *Caries Research* **35** (6): 412-20.

45) **Niedzielin K, Kordecki H, Birkenfeld B (2001).** "Um estudo controlado, em dupla ocultação e aleatório sobre a eficácia de *Lactobacillus plantarum* 299V em doentes com síndrome do intestino irritável". *Eur J Gastroenterol Hepatol* **13** (10): 1143-7.

46) **Ouwehand AC, Salminen S, Isolauri E (2002).** "Probióticos: uma visão geral dos efeitos benéficos". *Antonie Van Leeuwenhoek* **82** (1-4): 279-89.

47) **Peppelenbosch MP, Ferreira CV (2009)** "Immunology of pre- and probiotic supplementation". *Br JNutr.* 2009 101:2-4. PMID: 18577301

48) **Roberfroid MB (1996).** "Efeitos funcionais de componentes alimentares e do sistema gastrointestinal: frutooligossacarídeos da chicória". *Nutr Rev*: 54:S38-42.

49) **Reddy BS, Rivenson A (1993).** "Efeito inibidor do *Bifidobacterium longum* na carcinogénese do cólon, mamária e hepática induzida pelo 2-amino-3 metilimidazol[4,5-*f*]quinolina, um mutagénico alimentar". *Cancer Res*; 53:3914-8.

50) **Roberfroid MB, Van Loo JAE, Gibson GR (1998)** "The bifidogenic nature of chicory inulin and its hydrolysis products". *J Nutr*; 128:11-9.

51) **Roberfroid MB (2007).** "Prebióticos: The Concept Revisited". *J Nutr.* ; 137: 830S

52) **R. Hughes e I.R. Rowland (2001).** "Stimulation of apoptosis by two prebiotic chicory fructans in the rat colon" *Carcinogenesis,* Vol. 22, No. 1, 43-47.

53) **Ritsema T, Smeekens SC (2003)** "Engineering fructan metabolism in plants". *J Plant Physiol.* 160:811-20

54) **Reid G (2008).** "Lactobacilos probióticos para a saúde urogenital nas mulheres". *J. Clin. Gastroenterol.* **42** (Suppl 3 Pt 2): S234

55) **Reid G, Jass J, Sebulsky MT, McCormick JK (2003).** "Potenciais utilizações dos probióticos na prática clínica". *Clin. Microbiol. Rev.* **16** (4): 658-72.

56) **Sanders ME (1993).** Resumo das conclusões de um painel de consenso de peritos sobre os atributos de saúde das culturas lácticas: significado para os produtos lácteos fluidos que contêm culturas". *J Diary Sci*; 76:1819-28.

57) **Salminen S, Isolauri E, Salminen E (1996).**" Utilizações clínicas de probióticos para estabilizar a barreira da mucosa intestinal: estirpes bem sucedidas e desafios futuros". *Antonie Van Leeuwenhoek* ;70:347-58.

58) **Schiffrin E, Rochat F, Link-Amster H (1995).**" Imunomodulação das células sanguíneas após a ingestão de bactérias do ácido lático". *J Dairy Sci* 1995; 78:491-7.

59) **Stephanie Seifert e Bernhard Watzl (2007).** "Inulina e Oligofrutose: Revisão dos dados

experimentais sobre a modulação imunitária". *J Nutr.* ; 137: 2563S

60) **Szajewska H, Ruszczynski M, Radzikowski A. (2006).** "Probióticos na prevenção de diarreia associada a antibióticos em crianças: uma meta-análise de ensaios clínicos randomizados". *J* **Pediatr149** (3): 367-372.

61) **Sazawal S, Hiremath G, Dhingra U, Malik P, Deb S, Black RE. (2006).** "Efficacy of probiotics in prevention of acute diarrhoea: a meta-analysis of masked, randomised, placebo-controlled trials" [Eficácia dos probióticos na prevenção da diarreia aguda: uma meta-análise de ensaios mascarados, aleatórios e controlados por placebo]. *Lancet Infect Dis* **6** (6): 374-82.

62) **Sanders ME (2000).** "Considerações sobre a utilização de bactérias probióticas para modular a saúde humana". *The Journal of Nutrition* **130** (2S Suppl): 384S-390S. PMID 10721912

63) **Takase S, Goda T, Watanabe M (1994).** "Monostearylglycerol-starch complex: its digestibility and effects on glycemic and lipogenic responses". *J Nutr*; 40:23-36.

64) **Tannock GW (2003).** "Probióticos: tempo para uma dose de realismo". *Questões actuais em microbiologia intestinal* **4** (2): 33-42.PMID 14503687.

65) **U. Munjal, M. Glei, B.L. Pool-Zobel, D. Scharlau** *(2009)* "Fermentation products of inulin-type fructans reduce proliferation and induce apoptosis in human colon tumor cells of different stages of carcinogenesis" *British Journal of Nutrition*;, Volume 102, Issue 05, pp 663-671,

66) **Van Loo J, Coussement P, De Leenheer L (1995).** "Sobre a presença de inulina e oligofrutose como ingredientes naturais na dieta ocidental". *Crit Rev Food Sci Nutr; 35:525-52.*

67) **van den Heuvel EGHM, Muys T, Van Dokkum W (1999).** "A oligofrutose estimula a absorção de cálcio em adolescentes". *Am JClin Nutr* ;69:544-8.

68) **Vanderhoof JA (2008).** "Probióticos no tratamento da alergia". *Jornal de Gastroenterologia e Nutrição Pediátrica* **47 Suppl 2**: S38-40.

69) **Vaughan RB (1965).** "O racionalista romântico: Um estudo de Elie Metchnikoff". *História da Medicina* **9**: 201-15. PMC 1033501.PMID 14321564.

70) **Weyens G, Ritsema T, Van Dun K, Meyer D, Lommel M, Lathouwers J, Rosquin I, Denys P, Tossens A, Nijs M, Turk S, Gerrits N, Bink S, Walraven B, Lefèbvre M, Smeekens S (2004).**". Produção de frutanos personalizados em beterraba sacarina através da expressão de genes de fructosiltransferase de cebola". *Plant Biotechnol J* 2004 2:321-7.

71) **Wollowski I, Rechkemmer G, Pool-Zobel BL (2001).** "Protective role of probiotics and prebiotics in colon cancer". *The American Journal of Clinical Nutrition* **73** (2 Suppl): 451S-455S.PMID 11157356.

MIX
Papier aus verantwortungsvollen Quellen
Paper from responsible sources
FSC® C105338

Printed by Books on Demand GmbH, Norderstedt / Germany